發展演變 × 經典對決 × 突破方向
從自動駕駛到無人系統，生成式 AI，
人工智慧未來的探索

劉禹，魏慶來 編著

AI 新時代

人機共生！

人工智慧
是隊友
不是對手

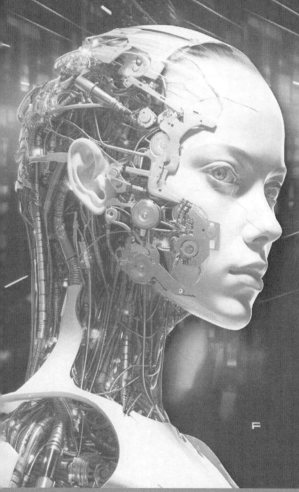

機器會取代人類嗎？機器會控制人類嗎？機器真的能信任嗎？

新穎 × 豐富 × 詳實 × 全面
知識性 × 系統性 × 可讀性 × 實用性

具有感知、理解、幫助人類能力的人機混合智慧正醞釀中
一本書打破科技迷思，看見 AI 的真實與可能性！

目錄

目錄 ...

第 3 章　一騎絕塵去——經典人機博弈大戰

目錄 ...

前言

　　近年來，隨著人工智慧與大數據、雲端平臺、機器人、行動網路及物聯網等的深度融合，人工智慧技術及其產業開始扮演著基礎性、關鍵性和前瞻性的核心角色。人機博弈是人工智慧領域一個非常重要的研究問題，人工智慧技術對於以兵棋推演和即時策略遊戲為代表的「強人機博弈」系統來說是一種非常有價值的學習工具、訓練工具和實驗工具。不僅在軍事領域，人機博弈在很多領域都被當成解決當前諸多問題的有效方法，包括應急管理、抗震救災，甚至商務談判等，因此了解人工智慧、人機博弈技術，其本質就是研究它們背後的方法學和思考方式，研究技術和方法融合的規律和機理，用博弈思維來完善目前研究與分析問題的方法。

　　近幾年，人工智慧技術發展迅速，甚至可以說是獲得了指數級的進步，不僅可以從大量人類行為資料中提取特徵和經驗，還可以透過自我博弈超越人類的經驗。不論我們在人機博弈中把人工智慧當作人類的對手還是夥伴，都有可能顛覆我們傳統的思考方式和決策體系，因此，博弈與 AI 結合之後可能為人類社會發展帶來顯著的促進作用。既然西洋棋領域能夠誕生深藍，圍棋領域能夠誕生 AlphaGo，那麼作為更複雜、更靈活、更加不透明的不完全資訊博弈系統，在不久之後也一定會產生相應的、能夠超越人類最高水準的人工智慧體。

　　從「深藍」到「華生」再到橫空出世的 AlphaGo，我們感受到了人工智慧在博弈遊戲，特別是在完全資訊博弈遊戲中表現出來的強大能力，但其展示更多的是算力和算法能力，還不是我們所期待的「認知智慧」。儘管人工智慧在非完全資訊博弈對抗中正在表現出越來越出色的成績，包括對複雜環境的認知、對不明確規則的理解、對「戰爭迷霧」的判斷等，但仍有一些深層次的智慧是目前人工智慧尚未觸及的問題。

特別是目前人工智慧系統具有弱解釋性、弱泛化性且無法實現有效的認知推理，使其難以實現通用人工智慧的終極目標。筆者認為，認知智慧的研究是當前人工智慧研究實現突破的重點，也將直接影響人工智慧的未來發展，一旦得到突破，則必將帶動人工智慧技術和相關應用爆炸式發展，使人類社會由當前的資料時代進入全新的智慧時代。

人工智慧的理性發展目標是更好的輔助人類及社會發展，依靠智慧算法發現人類未知的事物。事實上，人工智慧技術的進步並不是為了取代人類，而是為了向人類提供更好的經驗和指導。因此我們更需要一種「人機共生」的學習環境，使人類能夠與人工智慧交融進步，一種具有「感知人類、理解人類、幫助人類」能力的人機混合智慧正在醞釀之中。

全書共分為 4 章。

第 1 章介紹智慧技術的發展史，以時間和人物為線索展現從古到今智慧技術的演進過程，以及近年來人工智慧技術的最新應用領域等。

第 2 章對人工智慧經歷的三次浪潮進行總結和反思。從中我們可以看出，技術發展需要深厚的累積，當從量變發展到質變時，就會帶來一次新的技術革命。

第 3 章回顧歷史上著名的「人機大戰」：第一次是 1997 年 IBM公司的「深藍」擊敗西洋棋大師卡斯帕洛夫（Kasparov），這是基於知識規則引擎和強大電腦硬體的人工智慧系統的勝利。第二次是 2011 年IBM 公司的問答機器人「華生」在美國智力問答競賽節目中大勝人類冠軍，這是基於自然語言理解和知識圖譜的人工智慧系統的勝利。第三次是 2016 年的 AlphaGo 與李世乭的圍棋大戰，AlphaGo 最終以 4：1的成績戰勝李世乭，這是基於蒙特卡羅樹搜尋和深度學習的人工智慧系統的勝利。本書匯總多方面資料，對人機大戰中的人物、事件、技術突破和意義等進行詳細介紹，在故事中品味技術。

第 4 章概述人機博弈技術的最新成果和發展方向，並結合筆者的認

識指出「以人為本」、「認知智慧」、「人機共生」三個方向是人工智慧與人機博弈未來的突破口。

　　本書第 1、3、4 章由劉禹編寫，第 2 章由魏慶來編寫，劉躍華、劉代金、張靜、高然、李冬梅、趙斌也在本書的編寫過程中做出了很大的貢獻。同時，本書編寫過程中也參考了不少專家學者的著作與學術論文，在此對他們一併表示最誠摯的謝意！

　　限於作者的程度，書中難免會有不足之處，懇請廣大讀者與專家批評指正。

作者

前言...

第 1 章

螺旋式上升

——人工智慧發展史

　　自古以來，人們就不斷談論著智慧、智力或能力，談論人如何比動物高明，談論古今先賢的智慧，談論某人能力如何超群。什麼是智慧？智慧是一個非常寬泛的概念，內涵極其豐富，是智力和能力的總稱。

　　對於人工智慧而言，人們更是具有無限遐想。近年來，描寫類人（超人）機器人的科幻電影不計其數，有的驚心動魄，有的令人深思。《A.I. 人工智慧》（見圖 1-1）是由華納兄弟影片公司於 2001 年拍攝發行的一部未來派的科幻類電影，講述了人類製作機器人的科學技術已經達到了相當高的水準，一個小機器人為了尋找人類養母而努力縮小和人類差距的故事。故事中最具爭議的情節就是在機器人的發展過程中，是否能產生情感與意識。2016 年，HBO 發行的科幻類連續劇《西方極樂園》講述了一座巨型高科技成人樂園，提供給遊客殺戮與滿足性慾的機器人，隨著機器人接待員有了自主意識和思維，他們開始主動懷疑這個世界的本質，進而覺醒並反抗人類。這些科幻故事有多少可能成為現實？智慧科學的發展會為我們帶來什麼樣的未來？

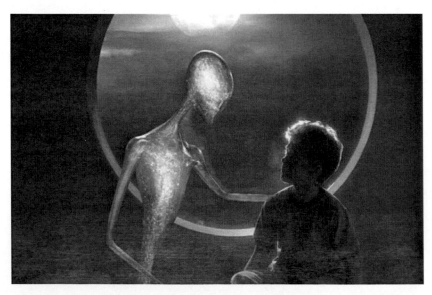

圖 1-1 科幻電影《A.I. 人工智慧》

　　進入 21 世紀，世界各國的科學家正在向我們展示一個豐富多彩的智慧世界。在學術界，幾乎所有的學科都涉及智慧的探討。在電腦與資訊科學中，人工智慧、專家系統、計算智慧、機器學習、語音辨識、機器翻譯、人機博弈等方向一直占據著研究的主流。

　　人工智慧技術的演進經歷了跌宕起伏的螺旋式上升的發展過程。本章將沿著技術發展的時間長河，踏著歷史人物的足跡，回顧人工智慧技術的演進史，以及近年來人工智慧技術的最新應用成就。

1.1 人工智慧歷史中的先驅者

　　人工智慧和數學有著天然的超乎尋常的緊密關係，甚至可以說正是數學孕育了電腦科學和人工智慧。在人工智慧技術演進歷史中有 6 位關鍵的先驅者，他們是大家熟悉的圖靈（Alan Mathison Turing）、馮紐曼（John von Neumann）、麥卡錫（McCarthy）、明斯基（Marvin Minsky）、賽門（Simon）和紐厄爾（Newell）。透過北達科塔州立大學數學譜系計畫 [1] 和維基百科的資料圖可以追溯這些先驅者們的學術師承（見圖 1-2）。從中可以看出，人工智慧先驅者的師承都離不開數學。更有趣的是，再上溯幾代導師之後，竟然會發現所有這些偉人的學術前輩竟是同一個人，偉大的數學家萊布尼茲（Leibniz）。因此，人工智慧的發展史和數學密不可分，並且未來人工智慧的突破仍將得到微積分、線性代數、機率統計等高等數學的支持。非常期待人工智慧科學家與數學家一起聯手開創出未來的超級人工智慧系統。

　　本節我們先認識一下這些偉大的先驅者，了解他們在人工智慧歷史中的角色。

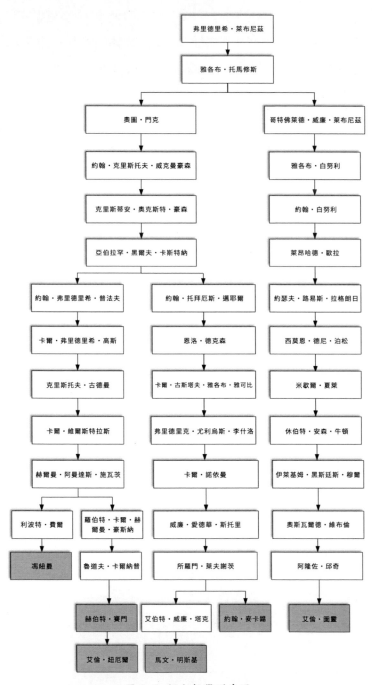

圖 1-2 部分數學譜系圖

1.1.1 萊布尼茲父子

弗里德里希・萊布尼茲（西元 1597～1652 年）曾是一名教會律師、公證員、登記員，在萊比錫大學（University of Leipzig）獲得碩士學位後，擔任過該校精算師，並於西元 1640 年成為該校道德哲學教授。他是著名數學家哥特佛萊德・威廉・萊布尼茲（Gottfried Wilhelm Leibniz）的父親。截至 2016 年年初，他在數學譜系計畫上已記載的學術傳人總數已超過了 12 萬人，而且人數還在不斷增加。

哥特佛萊德・威廉・萊布尼茲是歷史上少有的通才，在數學、哲學、物理學、語言學等多個領域都卓有成就，被譽為 17 世紀的亞里斯多德（Aristotle），被伯特蘭・羅素（Bertrand Russell）稱為「一個千古絕倫的大智者」。

西元 1646 年 7 月 1 日，哥特佛萊德・威廉・萊布尼茲（見圖 1-3）出生在德意志東部名城萊比錫。不到 15 歲，萊布尼茲便到萊比錫大學攻讀法律。20 歲那年他遞交了一篇出色的博士論文，但不幸論文被拒，加上此前母親去世的打擊，他離開了故鄉。第二年年初，紐倫堡的一所大學授予他博士學位，但他並沒有接受該校教授職位的聘書。

圖 1-3 哥特佛萊德・威廉・萊布尼茲

萊布尼茲是在大學學習歐幾里得（Euclid）《幾何原本》時，對數學產生濃厚興趣的。因為 17 世紀的大學僅是教會的附庸，大多數數學家處在亞里斯多德的經院哲學陰影的籠罩之下，萊布尼茲只能利用業餘時間從事研究工作，他不但完成了微積分學的發明，同時還開啟了另一個

新的數學分支——「離散」的組合分析，然而後一個數學思想直到 19 世紀乃至 20 世紀才變得真正重要起來。

在萊布尼茲獲得博士學位的第二年夏天，他在一次旅途中遇到了美茵茲選帝侯（選帝侯是有權選舉羅馬皇帝的諸侯，美茵茲選帝侯是選帝侯院之首）的前任首相。萊布尼茲隨其前往萊茵河畔的法蘭克福，後來作為選帝侯法律顧問助手被派往巴黎。在巴黎萊布尼茲幸運的遇到了來自荷蘭的數學家惠更斯（Christiaan Huygens），惠更斯是鐘擺理論和光的波動學說的創立者（見圖 1-4）。萊布尼茲很快意識到自己在科技落後的德國所受教育的局限性，因此虛心的向其請教，尤其在數學方面，得到了惠更斯的悉心指導，加上萊布尼茲的勤奮和天賦，當他離開巴黎的時候，已經完成了主要的數學發現。

圖 1-4 克里斯蒂安‧惠更斯

萊布尼茲這個「千古絕倫的大智者」，不但創造了難以企及的數學傳奇，更為人工智慧的發展奠定了基礎。[2] 萊布尼茲第一個重要的數學發明是二進位制，他用數字 0 表示空位，數字 1 表示實位。這樣一來，所有的自然數都可以用這兩個數來表示了，例如，$(3)_{10} = (11)_2$，$(5)_{10} = (101)_2$。他本人後來確認，中國人在 3,000 年前的《易經》64 卦裡就藏匿了這個奧妙。與此同時，萊布尼茲改進了帕斯卡（Pascal）的加法器（見圖 1-5），也研製成了機械計算器（見圖 1-6），以便用來計算乘法、除法和開方，而當時一般人都還不太會乘法運算。遺憾的是，萊布尼茲並沒有把自己創立的二進位制用於他研製的計算器。

萊布尼茲在數學上的最大貢獻無疑是在無窮小的計算方面，即微積

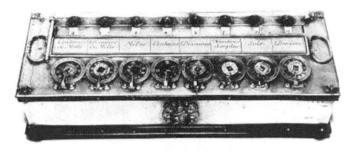

圖 1-5 帕斯卡的加法器

圖 1-6 萊布尼茲的計算器

分學的發明。這是科學史上劃時代的貢獻，得益於這一發明，數學開始在自然科學和社會生活中扮演極其重要的角色。萊布尼茲與英吉利海峽對岸的牛頓同時發明了微積分理論，但他們兩人是獨立完成發明的，並且所用的方法不同。牛頓使用的「流數法」有著運動學的背景，其推導更多是屬於幾何學的，而萊布尼茲則受到帕斯卡的特徵三角形的啟發，他的論證更多的用到了代數學的技巧（見圖 1-7）。

正是由於代數學方法的使用，加上萊布尼茲本人對數學形式有著

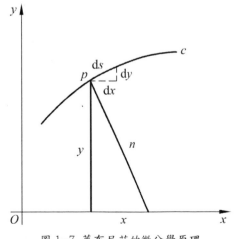

圖 1-7 萊布尼茲的微分學原理

超人的直覺，使得我們今天熟知的微積分學教程基本上都採用了他的表述方式和符號體系。除此以外，萊布尼茲還創立了形式優美的行列式理論，並把有著對稱之美的二項式理論推廣到任意個變數上。甚至他從巴黎來到倫敦旅行期間還發現了圓周率的無窮級數表達式：

$$\frac{1}{1} - \frac{1}{3} + \frac{1}{5} - \frac{1}{7} + \cdots = \frac{\pi}{4}$$

關於微積分，萊布尼茲與牛頓有「優先權之爭」，萊布尼茲十分讚賞一度旅居巴黎的英國哲學家霍布斯（Hobbes）的論斷——所有推理都是計算，這或許是他發明計算器的一個動力。同樣，這一論斷也推動了他在邏輯學方面的大部分工作。

邏輯學是研究人類思想的符號系統的，它融會了數學家和哲學家的智慧。亞里斯多德創立了三段論和換位理論等古代邏輯學基本原理，但都是直接的而非推理的形式。萊布尼茲則重視建立在思想字母表上的普遍語言即一般的推理演算和一般方法論，同時成功的用數學方法解釋了亞里斯多德的三段論。

萊布尼茲意識到了命題的內涵和外延之間的不同，並認同內涵的獨立性，這意味著，即使沒有獨角獸，「所有獨角獸都有角」這類命題仍是正確的。更重要的是，萊布尼茲建立了純形式的邏輯演繹系統，在一篇名為〈真實加法的計算法研究〉的論文中，他給出了 24 個命題，包括我們現在熟知的一些邏輯學結果。例如，A 在 B 中，B 在 C 中，則 A 在 C 中；A＝B 且 B ≠ C，那麼 A ≠ C；A8B ≠ A＋B，等等。除此以外，他還指出代數的某些內容有著非算術的解釋。這一邏輯數學化的設想在兩個世紀以後由英國邏輯學家布爾（Boole）實現了，他建立起了邏輯代數，即今天所說的布爾代數，這又和萊布尼茲發明的二進位制產生了關聯。進入 20 世紀，在英國誕生了一位邏輯學家，他就是被譽為「電子電腦之父」的圖靈。

1.1.2 圖靈

艾倫‧麥席森‧圖靈（Alan Mathison Turing，1912 年 6 月 23 日～ 1954 年 6 月 7 日），英國數學家、邏輯學家，被稱為電腦科學之父，人工智慧之父（見圖 1-8）。

圖 1-8 艾倫‧麥席森‧圖靈

在 20 世紀以前，人們的計算研究就是找出算法來，萊布尼茲開創了數理邏輯的研究工作。但是 20 世紀初，人們發現有許多問題雖然已經過長期研究，但仍然找不到算法，科學家們仍在不斷探索……1934 年，哥德爾（Godel）在埃爾布朗（Herbrand）的啟示下提出了一般遞歸函數的概念，並指出「凡算法可計算函數都是一般遞歸函數，反之亦然」。用一般遞歸函數雖給出了可計算函數的嚴格數學定義，但在具體的計算過程中，就某一步運算而言，選用什麼初始函數和基本運算仍有不確定性。為消除所有的不確定性，圖靈在他的〈論可計算數及其在判定問題中的應用〉一文中從一個全新的角度定義了「可計算函數」。他全面分析了人的計算過程，把計算歸結為最簡單、最基本、最確定的操作動作，從而用一種簡單的方法來描述那種直覺上具有機械性的基本計算程序，使任何機械（能行）的程序都可以歸結為這些動作。這種簡單的方法是以一個抽象自動機概念為基礎的，其定義為：算法可計算函數就是這種自動機能計算的函數。這不僅為計算下了一個完全確定的定義，而且第一次把計算和自動機相連起來，對後世產生了重大的影響，這種「自動機」後來被人們稱為「圖靈機」[3]。

圖靈在第二次世界大戰中從事的密碼破譯工作促成了電腦的設計和研製，1943 年圖靈在戰時服務的機構研製成功 CO-LOSSUS（巨人）

機，這臺機器的設計採用了圖靈提出的某些概念。它用了 1,500 個真空管，採用了光電管閱讀器，利用穿孔紙帶輸入，並採用了真空管雙穩態線路，執行計數、二進制算術及布爾代數邏輯運算，巨人機共生產了 10 臺，圖靈用它們出色的完成了密碼破譯工作[4]。

戰後，圖靈任職於英國國家物理實驗室（Teddington National Physical Laboratory），開始從事「自動電腦（Automatic Computing Engine）」的邏輯設計和具體研製工作。1946 年，圖靈發表論文闡述了儲存程式電腦的設計。同期，約翰・路易斯・馮紐曼（John Louis von Neumann）發表了一篇關於離散變量的文章。巧合的是，圖靈的自動電腦與馮紐曼的離散變量自動電腦都採用了二進制，都用「記憶體儲存程式以運行電腦」，打破了那個時代的舊有概念。

1949 年，圖靈成為曼徹斯特大學（University of Manchester）電腦實驗室的副主任，致力研發運行 Manchester Mark 1 型號儲存程式型電腦所需的軟體。1950 年他發表論文〈電腦器與智慧〉（*Computing Machinery and Intelligence*），為後來的人工智慧科學發展提供了開創性的構思。論文中他提出了著名的「圖靈測試」，即如果第三者無法辨別人類與人工智慧機器反應的差別，則可以論斷該機器具備人工智慧。1956 年，圖靈的這篇文章以〈機器能夠思考嗎？〉為題重新發表，象徵著人工智慧的發展進入了實踐研製階段。

圖靈的機器智慧思想無疑是人工智慧的直接起源之一，不僅如此，隨著人工智慧領域研究的深入，人們越來越認識到圖靈思想的深刻性，如今圖靈思想仍然是人工智慧領域的主要思想之一。

1.1.3 馮紐曼

約翰・路易斯・馮紐曼，1903 年 12 月 28 日出生於匈牙利首都布達佩斯，後加入美國國籍。20 世紀最重要的數學家之一，是現代電腦、博

弈論、核武器和生化武器等領域內的科學全
才之一，被後人譽為「電腦之父」和「博弈
論之父」（見圖 1-9）。

1914 年，馮紐曼早在布達佩斯盧瑟倫中
學（Lutheran Gymnasium）學習時就被老
師發現其數學方面的天賦，並鼓勵他在數學
方面發展。13 歲起馮紐曼開始了嚴格的數學
訓練，17 歲與人合著發表了第一篇論文。到
1921 年高中畢業的時候，他已經被公認為數
學家了。

圖 1-9　馮紐曼

1925 年，馮紐曼獲得了蘇黎世聯邦理工大學化學工程學士學位，次
年他在布達佩斯大學獲得數學博士學位。他的論文〈集合論的公理化〉
（*The Axiomatization of Set Theory*），是在大學一年級就開始研究的成果，
這篇論文也被後人認為是他對電腦產生興趣的萌芽。1926 年獲得博士
學位之後，他接受了洛克菲勒研究員的職位。在接下來的 3 年裡，他發
表的論文和著作達 25 篇（部），其中包括 1928 年關於博弈論的論文，
論文中利用極小極大定量（minimax theorem）證明了凸集（convex
set）之間的鞍點（saddle point）存在優秀策略，這一結論適用於廣泛
的比賽；以及著作《量子力學的數學基礎》（*Mathematical Foundations
of Quantum Mechanics*），該書現在仍然在印刷銷售。1927 年，他被柏林
大學聘為講師（或副教授），1929 年，轉去漢堡大學（University of
Hamburg）。

隨著納粹主義在歐洲興起，德國的政治、經濟、學術環境都出現了
嚴重的問題。此時，美國普林斯頓大學發來了客座教授的職位，馮紐曼
接受了邀請但仍然每年夏天回德國上課。直到 1933 年，他獲得了美國高
等研究院的教授職位。納粹開始清洗德國大學的猶太裔教授，馮紐曼辭

去了他在柏林的所有職務。1937 年，馮紐曼加入了美國國籍，之後還應徵了軍隊的職務。在此期間，他雖經歷了許多人生波折，但仍堅持自己的研究。

1930 年代中期，馮紐曼大膽提出拋棄十進制，採用二進制作為數位電腦的數制基礎。同時，他還提出預先編制計算程序，然後由電腦來按照人們事前制定的計算順序來執行數值計算工作。人們把馮紐曼的這個理論稱為馮紐曼體系結構，所以馮紐曼是當之無愧的數位電腦之父。

馮紐曼也為電腦工程的發展做出了重要貢獻。電腦的邏輯圖式、資料儲存、加工速度、基本指令的選擇以及線路之間相互作用的設計，都深深受到馮紐曼思想的影響。馮紐曼不僅參與了電腦 ENIAC 的研製，並且還在普林斯頓高等研究院親自督造了一臺電腦。

馮紐曼在數學方面也有重要貢獻。速度超過人工計算千萬倍的電腦，不僅極大的推動了數值分析的進展，而且還在數學分析的基本方面，刺激著嶄新方法的出現。其中，由馮紐曼等制定的使用隨機數處理確定性數學問題的蒙特卡羅法的蓬勃發展，就是突出的實例。

馮紐曼的電腦理論促使數學家的研究結出了碩果，也最終推動著人類進入了資訊時代，使得人工智慧之夢成為可能。

1.1.4 麥卡錫

約翰‧麥卡錫（John Mac-Carthy）（見 圖 1-10），1927年 9 月 4 日生於美國波士頓，在 1956 年的達特茅斯會議上，他首次提出了「人工智慧」這個概念，被稱為「人工智慧之父」。1971 年，因其在人工智慧領域的

圖 1-10 約翰‧麥卡錫

突出貢獻被授予圖靈獎。

1948 年 9 月，他還在普林斯頓大學讀研究所時，他出席了該校主辦的「行為的大腦機制西克森研討會 (Hixon Symposiumon Cerebral Mechanism in Behavior at CalTech)」。會上，大數學家、電腦設計大師馮紐曼發表的關於自我複製自動機的論文激發了麥卡錫的好奇心，於是，1949 年在普林斯頓大學數學系寫博士論文時，他決定嘗試在機器上模擬人的智慧。

1955 年，麥卡錫聯合克勞德‧夏農 (Claude Shannon，資訊論創立者)、馬文‧明斯基 (Marvin Minsky，人工智慧與認知學專家，《心智社會》的作者)、納撒尼爾‧羅切斯特 (Nathaniel Rochester，IBM 電腦設計者之一)，發起了達特茅斯項目 (Dartmouth Project)，1956 年項目正式啟動，洛克菲勒基金會提供了有限的資助。約翰‧麥卡錫在提案中寫道，他將研究語言和智慧二者間的關係，希望能透過電腦程式「進行棋類遊戲、並完成其他任務」。這個項目不但是人工智慧發展史的一個重要事件，而且是電腦科學發展史的一個里程碑。正是在 1956 年，麥卡錫首次提出「人工智慧」(artificial intelligence) 這一概念。雖然這次討論並沒有實質上解決關於智慧機的任何具體問題，但它確立了研究目標，使人工智慧成為電腦科學中一門獨立的經驗科學。

1958 年，約翰‧麥卡錫到麻省理工學院 (MIT) 任職，與明斯基組建了世界上第一個人工智慧實驗室。同年，麥卡錫發明了 LISP 語言，這是人工智慧界第一個最廣泛流行的程式語言，至今仍有著廣泛應用。LISP 語言與後來在 1973 年實現的邏輯式語言 Prolog 並稱為人工智慧的兩大程式語言，對人工智慧的發展產生了十分深遠的影響。

1960 年左右，約翰‧麥卡錫第一次提出將電腦批次處理方式改造成分時處理方式，這使得電腦能允許數十名甚至上百名使用者同時使用，極大的推動接下來的人工智慧研究。他的研究成果最終實現了世界上最

早的分時系統──基於 IBM7094 的 CTSS 和其後的 MULTICS。

　　1962 年，約翰・麥卡錫離開麻省理工學院，重返史丹佛大學，在那裡他組建了第二個人工智慧實驗室，並參與了基於 DEC PDP-1 的分時系統的開發。麥卡錫後來提出的「情景演算」理論，吸收了有限自動機狀態轉移的概念，在人工智慧研究中具有重要意義。

1.1.5 馬文・明斯基

　　馬文・明斯基 [5]（見圖 1-11），1927 年 8 月 9 日生於美國紐約市，1946 年進入哈佛大學主修物理，他選修的課程相當廣泛，從電氣工程、數學到遺傳學等，涉及多個學科專業，有一段時間他還在心理學系參與過課題研究。後來他放棄物理改修數學，1950 年從哈佛大學畢業之後進入普林斯頓大學研究所深造。

圖 1-11　馬文・明斯基

　　「智慧問題看起來深不見底，我想這才是值得我奉獻一生的領域。」明斯基如此說過，他的一生也確實如此。明斯基聯合麥卡錫最早提出了「人工智慧」概念，並聯合創辦了世界上第一個人工智慧實驗室── MIT 人工智慧實驗室，他是首位獲得圖靈獎的人工智慧學者，是虛擬實境最早的倡導者，還影響了艾西莫夫（Isaac Asimov）的機器人三定律。如果說圖靈是人工智慧的奠基者，馬文・明斯基則可以說是人工

智慧的推動者。

1951 年，明斯基建造了世界上第一個神經網路模擬器（stochastic neural analog reinforcement calculator，SNARC）。SNARC 雖然相當粗糙且不夠靈活，但畢竟是人工智慧研究中最早的嘗試之一。在 SNARC 的基礎上，他綜合利用多學科的知識，使機器能基於對過去行為的知識預測其當前行為的結果，並以「神經網路和腦模型問題」（neural nets and the brain model problem）為題完成了他的博士論文，於 1954 年獲得博士學位。透過對人工智慧技術和機器人技術的深入研究，明斯基開發出了世界上最早的能夠模擬人類活動的機器人 Robot C，引領機器人技術進入了新時代。

1956 年，明斯基聯合眾多科學家召開達特茅斯會議，這被公認為是人工智慧的起源。這年夏季，達特茅斯學院數學助理教授約翰‧麥卡錫、時任哈佛大學數學與神經學初級研究員的馬文‧明斯基、IBM 資訊研究經理納撒尼爾‧羅切斯特、資訊論的創始人克勞德‧夏農、艾倫‧紐厄爾（Alan Newell，電腦科學家）、赫伯特‧賽門（Herbert Simon，諾貝爾經濟學獎得主）等一批具有遠見卓識的年輕人聚集在一起，圍繞著「自動電腦」、「如何為電腦程式使其能夠使用語言」、「神經網路」、「計算規模理論」等一系列對於當時的世人而言完全陌生的話題，共同進行了探討和研究，並首次提出了「人工智慧」這一術語，這次具有歷史意義的會議象徵著「人工智慧」這門新興學科的正式誕生。明斯基的 SNARC 學習機，麥卡錫的 α-β 搜尋法，以及賽門和紐厄爾的「邏輯理論家」（Logic Theorist）成為會議的三個亮點。

1958 年，明斯基從哈佛大學轉至 MIT，麥卡錫也由達特茅斯來到 MIT 與其會合。他們在這裡聯合創建了「MIT 人工智慧實驗室」。1959 年，兩人又共同創立了 MIT 人工智慧計畫，正式開始了在人工智慧領域的探索。在這個實驗室，明斯基力圖探索如何賦予一臺機器以人類的感

知和智力，創造出了可以操控物品的機器手，探討了大量關於人工智慧的哲學問題。他還撰寫了包括《感知器》在內的諸多開拓性書籍，並於 1969 年被授予圖靈獎。

2003 年，MIT 人工智慧實驗室和 MIT 電腦科學實驗室合併為電腦科學和人工智慧實驗室（CSAIL）。CSAIL 之後衍生出了很多公司，包括 Boston Dynamics、Meka Robotics、Akamai 和 Dropbox，前兩家公司都在 2013 年被 Google 公司收購。

1.1.6 賽門與紐厄爾

1975 年度的圖靈獎授予了卡內基美隆大學的兩位教授：赫伯特‧亞歷山大‧賽門（見圖 1-12）和艾倫‧紐厄爾。他們兩人曾是師生，後來成為了極其親密的合作夥伴，共事長達 42 年，直至紐厄爾於 1992 年去世。這是圖靈獎首次同時授予兩位學者。

赫伯特‧亞歷山大‧賽門 1916 年 6 月 15 日生於美國威斯康辛州密爾瓦基市的一個猶太家庭，是美國心理學家，卡內基美隆大學知名教授，研究領域涉及認知心理學、電腦科學、

圖 1-12 赫伯特‧賽門

公共行政、經濟學、管理學和科學哲學等多個方向。賽門對中國學術界有著較深的影響，他多次來華交流講學，並推展合作研究，還為自己起了一個中文名字司馬賀，1994 年賽門當選為中國科學院外籍院士。

艾倫‧紐厄爾（見圖 1-13）1927 年 3 月 19 日生於美國舊金山，他是電腦科學和認知資訊學領域的科學家，曾就職於蘭德公司（RAND），並在卡內基美隆大學的電腦學院、泰珀商學院和心理學系任職。

艾倫‧紐厄爾在蘭德公司工作時與美國空軍合作開發早期預警系

統，該系統需要模擬在雷達顯示器前工
作的操作人員在各種情況下的反應，這
使得紐厄爾對「人如何思考」這一問題
產生興趣。而時任卡內基美隆大學工業
管理系主任的赫伯特‧賽門在蘭德公司
結識了紐厄爾，自此兩人開始建立起了
合作關係。

圖 1-13 艾倫‧紐厄爾

　　1957 年，賽門和紐厄爾聯合開發了
IPL 語言（information processing language）。這是人工智慧歷史上
最早的一種程式設計語言，其基本元素是符號，並首次引進了表處理方
法 [6]。這種方法首先找出目標要求與當前狀態之間的差異，選擇有利於
消除差異的操作以逐步縮小差異並最終達到目標。利用這種方法，他們
成功的開發了最早的啟發式程式「邏輯理論家」和「通用問題求解器」
（general problem solver）。在開發「邏輯理論家」的過程中，他們
首次提出並成功應用了「鏈表」（list）作為基本的資料結構。IPL 是所
有表處理語言的始祖，也是最早使用遞迴程式的語言。在合作過程中，
紐厄爾所表現出的才能與創新精神深得賽門的讚賞，在賽門的竭力推薦
下，紐厄爾得以在卡內基美隆大學註冊為研究生，並在賽門的指導下完
成了博士論文，於 1957 年獲得博士學位。

　　1961 年，紐厄爾離開蘭德公司，正式加入卡內基美隆大學，和賽
門及艾倫‧佩利（Alan Perlis，首屆圖靈獎獲得者）一起籌建了該校的
電腦科學系，這是美國甚至全世界第一批建立電腦科學系的大學之一，
紐厄爾和賽門、佩利一起並稱為卡內基美隆大學電腦科學系的「三駕馬
車」。紐厄爾為卡內基美隆大學電腦科學系的建設與發展傾注了最大
（甚至可以說畢生）精力，他與賽門等電腦先驅想透過發展電腦科學來
改變整個學校，甚至想把匹茲堡改造成為科技密集型的新城市，把賓州

西部地區改造成為人類的美好家園。

　　卡內基美隆大學的電腦科學系長期以來在業界擁有極高的聲譽，擁有像賽門和第二代人工智慧學者中的佼佼者雷迪（R. Reddy，1994 年圖靈獎獲得者）等一批高水準的研究人員，最終匹茲堡和賓州西部地區成為在美國除矽谷之外最重要的 IT 產業基地之一。在賽門和紐厄爾這樣一些「領頭羊」的領導下，卡內基美隆大學曾經研製與開發過一些著名的電腦系統，並對電腦技術的發展產生了重要的影響。例如，C.Vmp，脈動陣列（systolic array，由美籍華人學者孔祥重〔H.T.Kung〕首先提出）電腦 Warp 及和 Intel 合作實現的商品化的 iWARP；生成式人工智慧語言或稱為專家系統工具 OPS（expert system tool offcial production system）；超媒體系統 ZOG 和 KMS；為美國太空總署研製的六腿漫步機器人 Ambler，擬用於在外星球表面觀察和收集關於物理、氣象和生物等種種資料。

1.2 人工智慧技術的演變史

　　學術界在談到技術高潮與低谷時，經常會引用蓋特納諮詢公司（Gartner）推薦的技術成熟度曲線。這條曲線揭示，幾乎每一項新興且成功的技術，在真正成熟之前，都要經歷先揚後抑，並在波折起伏中透過累積和疊代，最終走向真正的繁榮、穩定和有序的螺旋式發展歷程。

　　技術成熟度曲線又叫技術循環曲線，或者新技術、新概念在媒體上曝光度隨時間的變化曲線。蓋特納諮詢公司自 1995 年起開始每年推出技術成熟度曲線，它描述了創新的典型發展過程。成熟度曲線的橫軸為「時間」，表示一項技術將隨時間發展經歷的各個階段。曲線的縱軸是「預期」，在某個年度前被標為「可見度」，表示一項技術被關注的程度以及該時間段的發展預期（見圖 1-14）。

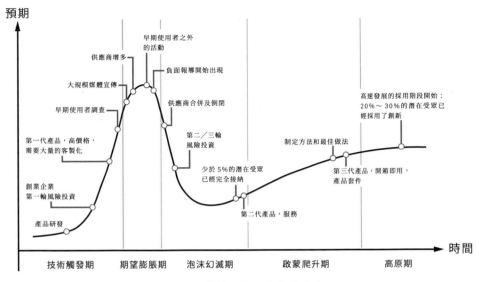

圖 1-14　蓋特納技術成熟度曲線

　　技術成熟度曲線展示的新興技術會經歷 5 個關鍵時期，分別是技術觸發期、期望膨脹期、泡沫幻滅期、啟蒙爬升期和高原期。①技術觸發期：技術剛剛誕生，還只是一個概念，不具有可用性，無法評估商業潛力。但媒體有所報導，並引起了外界的興趣。②期望膨脹期：技術逐步成型，一些激進的公司開始跟進。此時媒體開始大肆報導，產品的知名度達到高峰。③泡沫幻滅期：技術的局限性和缺點逐步暴露，對它的興趣開始減弱。大部分公司被市場淘汰或者失敗，只有那些找到早期使用者的公司艱難存活，且媒體報導逐步冷卻。④啟蒙爬升期：技術優缺點越來越明顯，產品細節逐漸清晰，越來越多的人開始了解它。基於它的第二代和第三代產品出現，更多的企業開始涉足，可複製的成功使用模式出現。⑤高原期：經過不斷發展，技術標準得到了清晰定義，使用起來更加方便好用，市場占有率越來越高，進入穩定應用階段，業界有了公認的一致的評價。

　　人工智慧波折起伏的發展歷程中，其實不難發現，人工智慧技術的

發展演變也遵循了這一曲線規律。本節將結合技術成熟度曲線將人類智慧學研究的歷史長河劃分為不同時期，展現人工智慧技術的演進史 [7]。

1.2.1 西元前的智慧世界

人類智慧的產生離不開工具的發明和思想的進步，西元前的中國和西方都在人類智慧發展中留下了歷史的痕跡。

1. 智力工具：中國算盤

早在四萬年前的遠古時代，人們就開始借用石子或繩子打結的方法計數，製造簡單工具並使用某種符號記事，這是原始人最早的智慧表現。隨著結繩記事方法的進一步發展，大約在 2,600 多年前，中國的祖先發明了算盤（見圖 1-15），於明代開始流行，並逐步流傳到東亞和歐洲。

圖 1-15 算盤

算盤一般為長方形，檔是貫穿上下的內部支柱，通常有 9 檔、11 ～ 15 檔，檔中有橫梁左右貫通。橫梁上部有 2 個算珠，下部有 5 個算珠。當上邊算珠緊靠上邊框，下部算珠僅靠下邊框時，數值均為 0。當上面算珠緊靠中間橫梁時候，每個算珠代表數值 5；下方算珠緊靠中間橫梁時，每個算珠代表數值 1。

按照現代電腦語言，算盤採用的是「二值工作方式」：0 或 5，0 或

1。這與現代電腦的內部工作方式一致，都是二值。與電腦儲存單元具有不同的「位值」一樣，不同位置的算盤珠檔，確定了算珠的個十百千萬等「位值」。

算盤是一種智力輔助工具，它雖然不能與現代電腦的複雜計算相比，但作為兩、三千年前的發明並一直沿用至今，它實現了人類數字計算器械化的第一步，是人工智慧的傑作。

2. 邏輯學：亞里斯多德的三段論

亞里斯多德（見圖 1-16）是西方古代大哲學家中與自然科學關係最密切的一位，他的《工具論》奠定了邏輯科學的基礎。

在邏輯學中，判斷語句是對事物有所肯定或否定的思維形式。亞里斯多德率先對範疇做了系統研究，認為它是對客觀事物的不同方面進行分析歸類而得出的基本概念。他把各式各樣的判斷謂項概括為十個範疇：實體、數量、關係、性質、活動、遭受、時間、地點、姿

圖 1-16 亞里斯多德的雕像

態、狀況。他專注於命題，即表達判斷的句子，並且可以判斷真假。在此基礎上，他提出了著名的三段論。亞里斯多德的三段論是一種語義結構理論，是圖演繹理論，由一個共同概念（中項）連結著兩個性質命題（大項與小項）作前提，推導出另一個性質命題作結論。由大前提、小前提、結論三部分組成。

亞里斯多德深入研究了三段論，分別探討了必然三段論、或然三段論的多種形式，制定了關於模態三段論的規則。這種三段論理論應用於推理，為推理機械化及形式邏輯的發展奠定了基礎。

馬丁・奧利弗（Martyn Oliver）指出「亞里斯多德的邏輯學構成了

系統哲學的典範，為此後兩千年的哲學著作所不及」[8]。在《工具論》（見圖 1-17）一書中的〈分析後篇〉中有一個三段論的例子：

　　如果所有闊葉植物都是落葉的，【大前提】

　　並且所有葡萄樹都是闊葉植物，【小前提】

　　則所有葡萄樹都是落葉的。【結論】

圖 1-17　《工具論》

把具體表述內容符號化，表現為包含字母的一般形式：

　　如果所有 B 是 A，【大前提】

　　並且所有 C 是 B，【小前提】

　　所以所有 C 都是 A。【結論】

在這個例子中，B 是作為媒介的中項，把大項 A 與小項 C 連結起來，因而能從兩個前提必然推出結論。

亞里斯多德的三段論闡述了科學證明的理論，影響了數學乃至整個自然科學的發展，歐幾里得的《幾何原本》中關於公理、定義及邏輯推理的思想，都受到了他的科學證明理論的影響。

1.2.2 近代的智慧世界：人工智慧的基礎

西方著名的哲學家羅素曾經說過：「近代世界與先前各世紀的區別，幾乎每一點都能歸源於科學。科學在 17 世紀獲得了極其壯麗的成功。」[9] 中外的古代先賢憑著自發的質樸的科學意識，著手研究數學計算與邏輯推理，開啟了智慧世界的探索之旅。在他們的不懈努力下，迎來了充滿科學精神的近代智慧世界，機率論和邏輯數學化進一步推動了智慧世界的發展，這也是人工智慧技術的基礎。

1. 機率論：可能性理論

機率論起源於賭博，最早出現於義大利。當時的義大利貴族沉迷於賭博遊戲，義大利著名的數學家卡丹諾（Cardano）注意到，賭博中出現的無規則的隨機現象看似無規律，實際上可能性（機率）大小基本是確定的。

扔骰子是一種簡單的賭博方式。「骰子」俗稱「色子」，中國傳統民間娛樂用來投擲的博具，早在戰國時期就有了。作為桌上遊戲的小道具，最常見的骰子是六面骰，它是一個正立方體，上面分別有一到六個孔（或數字），其相對兩面之數字的和必為七。中國的骰子習慣在一點和四點漆上紅色。骰子是容易製作和獲得的亂數產生器。隨機擲出後，1、2、3、4、5、6 點任意一面朝上的可能性是相同，即為六分之一，也就是說任意一面朝上的機率是六分之一。

機率是用來表示隨機事件發生的可能性大小，機率與探求事物規律緊密相關。機率也稱或然率、概率。與必然事件不同，隨機事件是指在相同條件下，可能發生也可能不發生的事件，但大量事件的整體機率卻呈現出必然的規律性，也就是說在不確定中存在確定性。

日常生活中充滿了這樣的機率現象：「這次比賽他大概能贏，也可能會輸」、「明天很有可能會颱風」、「總有一天我會與自己喜歡的人一起去看日出」等，這些生活現象都包含了可能性（機率）大小的問題。

機率論雖然起源於一種低等的賭博遊戲，但它已經成為人類探索智慧世界的重要工具。關於隨機現象與可能性理論的機率論，幫助我們研究、解決那些具有不確定性、卻又亟待解決的難題。

機率論作為嚴謹的數學分支，正式成形於 17 世紀中葉，由於賭博遊戲的盛行，出身顯赫卻無聊至極的貴族子弟不斷向數學家去請教如何確定賭局輸贏的機率和進行賭博下注的問題。法國著名的數學家帕斯卡和

費馬（Fermat）（見圖 1-18）開始親自做賭博實驗，並進行了深度的理論研究，提出了機率論的嶄新概念 [10]。

圖 1-18 帕斯卡和費馬

　　荷蘭物理學家、數學家惠更斯（Christian Huygens）出版了他的著作《擲骰子遊戲中的計算》，這本書被認為是關於機率論最早的論著，他創立了「惠更斯分析法」，第一次把機率論建立在公理、命題和問題上，並構成一個較完整的理論體系。惠更斯先從關於公平賭博值的一條公理出發，推導出關於數學期望的三個基本定理，利用這些定理和遞推公式，解決了點子問題及其他一些博弈問題。惠更斯由此所得關於數學期望的 3 個命題具有重要意義，這是「數學期望」第一次被提出，後被拉普拉斯（Laplace）用數學期望來定義古典機率。

圖 1-19 拉普拉斯

　　繼帕斯卡、費馬和惠更斯之後，雅各布·白努利（Jakob I. Bernoulli）對機率論研究做出了重要貢獻。他的《猜度術》一書，包含了大數定律的敘述，不過，首先將機率論建立在扎實的數學基礎上的是拉普拉斯（見圖 1-19）。從西元 1771 年起，拉普拉斯發表了

一系列重要著述，特別是西元 1812 年出版的《機率的解析理論》，對古典機率論做出了強有力的數學綜合，敘述並證明了許多重要定理。拉普拉斯等人的著作還討論了機率論在人口統計、保險事業、度量衡、天文學甚至某些法律問題上的應用。到 18 世紀機率論已不再是僅僅與賭博問題相關的學科了，數學家開始了更廣闊的應用研究。

接下來，仍以擲骰子為例，說說機率論的幾個基本概念。

隨機事件：隨機實驗中可能發生也可能不發生的事件，常用大寫字母 A、B、C 等表示。例如，事件 A，「點數 1」；事件 B，「點數 2」等。

必然事件：隨機實驗中必然發生的事件，例如「點數小於 6」。

基本事件：在一定範圍內不能再分解的事件。例如，「點數 2」是一個不能再分解的事件。

互不相容事件：一次實驗中不可能同時發生的事件。例如，「點數 1」與「點數 2」不能同時出現。

複雜事件：由基本事件（複合）組成的事件。例如，「奇數點」是由投擲 1、投擲 3、投擲 5 等三個事件組成。

樣本點：隨機實驗中每一個可能的結果（事件），是樣本空間中的一個點。

樣本空間：全體樣本點組成的集合。例如，投骰子可能出現的結果有 6 種，被稱為結果集 {1，2，3，4，5，6}。

頻率：如果進行了 m 次隨機實驗，事件 A 出現了 n 次，則用比值 n/m 表示事件 A 在 m 次隨機實驗中出現的頻率。

機率：隨著實驗次數 m 的增加，事件 A 發生的頻率會逐漸穩定在區間 [0，1] 中的某個常數上，這個常數就是事件 A 發生的機率，記作 $p(A)$。

條件機率：在事件 B 已經發生的條件下，事件 A 發生的機率，記作 $p(A \mid B)$。

大數定理：當實驗次數足夠大時，事件出現的頻率將穩定在一個定數附近。

詹姆斯・白努利（James Bernoulli）提出了主觀「置信度」概念，替代客觀的頻率概念。在此基礎上，貝葉斯（Thomas Bayes）提出了一種更新主觀機率的規則——貝葉斯規則的分析理論奠定了人工智慧系統中關於不確定性推理的現代方法論基礎。

2. 布爾：邏輯數學化

圖 1-20　喬治・布爾

愛爾蘭數學教授喬治・布爾（George Boole）（見圖 1-20）被稱為數理邏輯第一人，他使邏輯學從哲學變成了數學。他認為，邏輯中最基本的東西「類」由屬於它的「元素」組成，它們都可以用符號表示。邏輯可以看作類的演算，即相應符號的代數。

西元 1847 年，他出版了著作《邏輯的數學分析》，提出了邏輯代數。1954 年，他又發表了《思想規律的研究》，提出了以下重要概念：符號語言與運算可以用來表示任何事物。

布爾運算是數字符號化的邏輯推演法，包括聯合、相交、相減。在圖形處理操作中引用了這種邏輯運算方法後，透過簡單的基本圖形組合產生新的形體。布爾用數學方法研究邏輯問題，成功的建立了邏輯演算。他用等式表示判斷，把推理看作等式的變換。這種變換的有效性不依賴於人們對符號的解釋，只依賴於符號的組合規律。人們把這一邏輯理論稱為布爾代數。

符號表示方法如下：

∨表示「或」。

∧表示「與」。

¬ 表示「非」。

＝表示「等價」。

1和0表示「真」和「假」。

（還有一種表示，即＋表示「或」，·表示「與」。）

布爾代數的主要運算法則有結合律、交換律、分配律、吸收律、冪等律等。

（1）結合律：$(a + b) + c = a + (b + c)$，$(a \cdot b) \cdot c = a \cdot (b \cdot c)$。

（2）交換律：$a + b = b + a$，$a \cdot b = b \cdot a$。

（3）分配律：$a \cdot (b + c) = (a \cdot b) + (a \cdot c)$，$(a + b) \cdot c = (a \cdot c) + (b \cdot c)$。

（4）吸收律：$a + a \cdot b = a$，$a \cdot (a + b) = a$。

（5）冪等律：$a + a = a$，$a \cdot a = a$。

a、b、c 被稱作「邏輯變量」或「布爾變量」，它們都是二值變量，取值為1或0。$a + b$叫做「邏輯加」、「邏輯或」運算；ab叫做「邏輯乘」、「邏輯與」運算。這兩種運算與代數的加法和乘法類似。

1930年代，邏輯代數在電路系統上獲得應用，隨著電子技術與電腦的發展，出現了各種複雜的大系統，但它們的變換規律依然遵守布爾所揭示的規律。早期的電器開關有鍘刀開關、繼電器開關，後來有了真空管、電晶體、積體電路實現的電子開關。如果把「斷開」叫0狀態，那麼「連接」叫1狀態。

1938年，克勞德·夏農將布爾代數應用到繼電器開關電路的設計，因此又稱為開關代數。隨著數位電路的發展，布爾代數已成為數位邏輯電路分析和設計的數學基礎，又稱邏輯代數，在二值邏輯電路中廣泛應用。

1.2.3 智慧技術的孕育：人工智慧的技術觸發期

在人工智慧發展過程中，有許多學科為它貢獻了思想、觀點和技術。除了數學，資訊論、控制論和電腦理論也為人工智慧技術的產生奠定了堅實的科學基礎。

1. 夏農資訊論

20 世紀中葉，人工智慧研究出現了資訊理論的新思潮，人們開始關注資訊的採集、計算、處理和運用。資訊是什麼？資訊量是怎麼計算的？

克勞德・艾爾伍德・夏農（見圖 1-21）是美國數學家、資訊論的創始人，1936 年獲得密西根大學學士學位，1940 年在麻省理工學院獲得碩士和博士學位，1941 年進入貝爾實驗室工作。夏農提出了資訊熵的概念，為資訊論和數位通信奠定了基礎。他提出：「資訊是用來消除收信者認知上的不定性東西。」夏農提出「資訊是可以計算的」理論，這裡的資訊並非「廣義資訊」，是不包含資訊的含義（語義）方面的內容是「狹義資訊論」，這抓住了資訊的傳播形式，滿足了通訊工程的需求。他指出，通訊系統的基本問題是在噪音背景下，在資訊接收端接收發送端傳來的訊號波形，訊號波形的語義與通訊工程無關。

夏農和維納（Wiener）分別給出了計算資訊量的數學公式，他們認為，通訊系統傳遞的是資訊，資訊表徵信源的不確定性（熵），資訊量是通訊過程中信源不確定性的消除或減少量。

夏農在貝爾實驗室工作期間，發表了一篇開創性論文〈通訊的數學理

圖 1-21 夏農和他的「忒修斯」

論〉，他用數學理論解釋了資訊的計算問題，採用資訊編碼和機率論方法，研究了訊號傳輸過程中的波形與干擾問題，發展了關於資訊量的計算方法和統計理論，清晰的闡明了通訊過程的本質。

夏農引入了位元（binary digit 的簡稱，中文意思「二進位數位」）的概念。位元是度量資訊的基本單位，是資訊時代的基石。他證明了用數位代碼可以代表任何類型的資訊，所以，所有資訊都可以數位化；數位化的資訊經壓縮後再傳輸，可以極大的減少傳輸時間和傳輸成本；最具革命性的是，他展示了數位代碼（二進位程式碼）可以讓我們把數位化的資訊毫無差錯的從 A 地傳到 B 地。即我們今天在網路上看到的所有資訊：文字、圖片或音訊、影片，都是由二進制程式碼 0/1 編寫並傳輸的。

夏農還是人工智慧和機器學習的先行者，他設計了一隻可以走迷宮的機電老鼠「忒修斯」（見圖 1-22），編寫了電腦下西洋棋程式，發明了變戲法默讀機等。

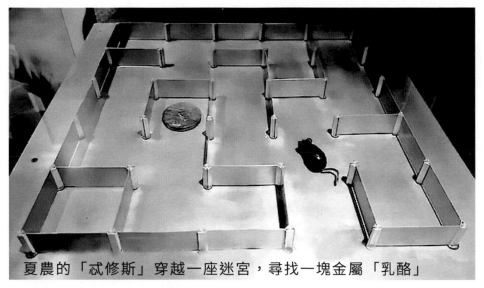

夏農的「忒修斯」穿越一座迷宮，尋找一塊金屬「乳酪」

圖 1-22 機電老鼠「忒修斯」

　　夏農的這隻木老鼠是一個走迷宮的高手，它能透過不停的隨機試錯，穿過一座由金屬牆組成的迷宮，直到在出口處找到一塊金屬的「乳酪」。「忒修斯」還能記住這條路線，在下一次試驗中能漂亮的完成任務；甚至在下一次任務中，即使迷宮的牆壁有所移動，也難不倒它。夏農告訴人們：「解決一個問題並記住解決方案，涉及一定程度的心智活動，這已經有點類似大腦了。」在人工智慧 AlphaGo 已經能夠擊敗世界上最優秀的圍棋棋手，Google 已經研究出自動駕駛汽車的今天，記住一塊「乳酪」的位置似乎是一項微不足道的成就，但在當時，「忒修斯」是令人驚嘆的。這簡直就是一臺能夠思考的機器！它呈現了夏農對資訊時代的基礎性貢獻。

2. 現代控制論

　　自我調節和自動控制是生物智慧行為的主要特徵，自動的機器和自動運行的生產活動是人類一直追求的夢想。相傳黃帝在戰爭中使用過指南車，祖沖之、張衡、姚興等人都製造過指南車。英國著名科學史學家李約瑟（Noel Joseph Terence Montgomery Needham）說古代中國的指南車「是人類歷史上邁向控制論機器的第一步」，是人類「第一架體內穩定機」（見圖 1-23）。

　　隨著工業革命的發展，20 世紀前 50 年，機械、力學、電學廣泛應用於生產，產品逐漸走向標準化和自動化。微電子學、控制理論與電腦的應用，則極大的促進

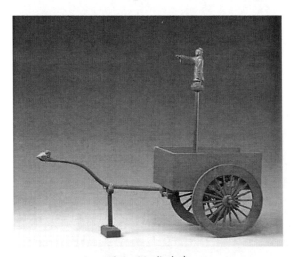

圖 1-23　指南車

了生產過程控制理論的發展。

控制是透過資訊傳遞的，控制論與資訊論緊密相關，控制論是一門以數學為紐帶，把研究自動調節、通訊工程、電腦和計算技術以及生物科學中的神經生理學和病理學等學科共同關心的共性問題相連起來，而形成的邊緣學科。諾伯特·維納（Norbert Wiener）（見圖 1-24）1948 年發表的《控制論》[11] 將控制論與通訊科學連接在一起。

圖 1-24 諾伯特·維納

1954 年，中國著名學者錢學森（見圖 1-25）出版了《工程控制論》，把控制論推廣到工程技術系統，創立了現代控制論。錢學森畢業於美國加州理工學院，

圖 1-25 錢學森

1955 年回到中國。他長期負責中國火箭導彈和太空梭的研發工作。他發展了系統科學和開放式複雜巨系統的方法論[12]，並創建了思維科學，構築了抽象思維、形象思維、社會思維，以及特異思維系統。

圖 1-26 卡爾曼

1960 年代，美國數學家魯道夫·卡爾曼（Rudolf Kalman）（見圖 1-26）把量子力學和穩定性理論中的「狀態空間」概念引入工程控制論，發展了狀態空間論和迴歸演算法，得出了被稱為「卡爾曼濾波器」的理論，形成了

系統辨識、最優濾波、最優控制等現代控制理論。

　　卡爾曼濾波（Kalman filtering）是一種利用線性系統狀態方程式，透過系統輸入輸出觀測資料，對系統狀態進行最優估計的演算法。由於觀測資料中包括系統中的噪音和干擾的影響，所以最優估計也可看作是濾波過程。卡爾曼濾波是目前應用最為廣泛的濾波方法，在通訊、導航、導引與控制等多個領域都得到了較好的應用，對溫度系統的估計是卡爾曼濾波應用中最常使用的案例（見圖1-27）。卡爾曼濾波利用對狀態觀測系統的反饋實現溫度估計，首先對當前狀態和誤差進行觀測以獲得下個時刻的先驗估計；然後透過對先驗估計和觀測值的分析得到後驗估計，經過反覆的遞歸調用，就實現了卡爾曼濾波的工作過程。

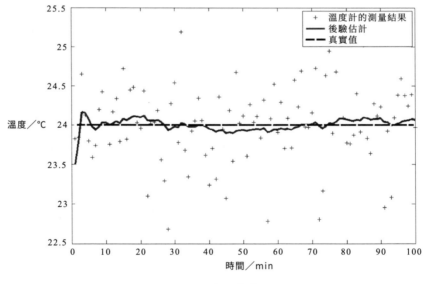

圖 1-27　卡爾曼濾波

3. 圖靈測試

　　2016 年 HBO 發行的科幻類連續劇《西方極樂園》，創意源自 1973 年同名電影，該劇講述了由一座以西部世界為主題的巨型高科技成人樂

園，提供給遊客殺戮與性慾的滿足，隨著機器人接待員有了自主意識和思維，他們開始主動認識這個世界的本質，進而覺醒並反抗人類的故事。

機器擁有思維能力嗎？機器真的能夠學會思考嗎？人工智慧開拓者、自然哲學家圖靈進行了更深入、更透澈的分析研究，他早在 1950 年發表了論文〈計算機器與智慧〉（後改名為〈機器能夠思考嗎？〉）。這既是哲學論述，也是人工智慧的科學思考，引起了廣泛的關注。

圖靈從完全不同的立場對機器思維進行了論述，不要問「機器能否思考」，而要問「機器能否通過智慧行為測驗」。由此提出了著名的「圖靈測試」，即透過一種「模擬遊戲」（測試方法）判斷一臺電腦是否具有智慧。圖靈測試要求測試者與被測試者（一個人和一臺機器）隔開的情況下，透過一些裝置（如鍵盤）向被測試者隨意提問。經過多次測試後，如果機器讓平均每個參與者做出超過 30% 的誤判，那麼這臺機器就通過了測試，並被認為具有了人類智慧。

實際上，圖靈測試並沒有規定問題的範圍和提問方式，怎樣實現完全圖靈測試呢？圖靈預計，2000 年的電腦可以通過此項測試。如果要實現完全圖靈測試，通過各種實驗的程式，就要在電腦中儲存所有可能的問題及相關答案，並能快速、準確的檢索到這些問題。被詢問的電腦如何做到這些呢？怎樣才可以順利通過測試？首先，這些電腦要具有自然語言處理功能；其次具有將資訊儲存、表達和再現知識的功能；再次，還要具有用儲存的資訊去回答問題，並進行知識推理的功能，最後還要擁有適應、辨識新環境的機器學習功能。

圖靈測試既抓住了人工智慧的本質，又巧妙的反駁了那些試圖證明人工智慧是不可行的哲學家。早期的數位電腦不含任何智慧，它所依賴的二進制編碼僅僅是一種解釋機器內部狀態的方法。圖靈探討了計算的本質，把形式推理與電腦理論結合，創造了一種簡單、通用的非數位計

算模型，證明了電腦可以用智慧的方法工作，這也是電腦理論的基礎。

　　圖靈機 [6]（Turing machine，TM）是圖靈在 1936 年提出的，它是一種精確的通用電腦模型（見圖 1-28），能模擬實際電腦的所有計算行為。這臺機器可以讀入一系列的 0 和 1，這些數字代表了解決某一問題所需要的步驟，按照這個步驟走下去，就可以解決某一特定的問題，這種觀念在當時是具有革命性意義的。圖靈機就是一個抽象的機器，它有一條無限長的紙帶，紙帶分成了一個一個的小方格，每個方格有不同的顏色。有一個機器頭在紙帶上移來移去。機器頭有一組內部狀態，還有一些固定的程序。在每個時刻，機器頭都要從當前紙帶上讀入一個方格資訊，然後結合自己的內部狀態查找程序表，根據程序輸出資訊到紙帶方格上，並轉換自己的內部狀態，然後進行移動。

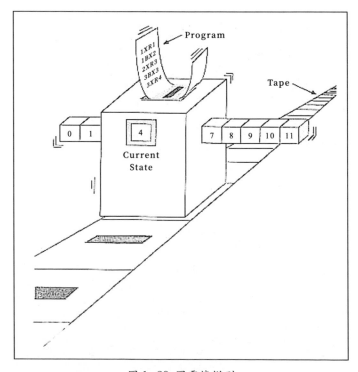

圖 1-28　圖靈機模型

　　許多哲學家認為，即使某臺機器通過了圖靈測試，也不能認為它就是有思維、有理解力的，只能算是思維的模擬。圖靈反問哲學家：「為什麼我們沒有向人類索要內部精神狀態的直接證據呢？為什麼要對機器提出比人類更高的標準呢？」他提出了「禮貌慣例」理論，指出：我們並不清楚人的意識和精神，不必先解決關於「意識的謎團」，而是進行務實的行為模擬，創造具有智慧行為的演算法或機器。

1.2.4 智慧技術的初生：人工智慧的期望膨脹期

　　1930 至 1950 年代，資訊論首次深入研究了資訊，控制論研究了人與動物共同的控制與通訊規律，電腦理論直接為人工智慧提供了理論基礎。接下來，腦模型、神經計算與模糊數學理論則打開了生物腦及其智慧的大門。越來越多的人開始關注「智慧」這一概念，人的智慧是如何解決實際問題的？神經系統如何運作以應對複雜的環境？機器能否與人一樣具有高超的智力？

1. 達特茅斯會議

　　1956 年夏季，美國達特茅斯大學舉辦了一次重要的研討會，參與人員只有 10 人，除數學家克勞德・夏農外，其他幾位在當時都還是名不見經傳的年輕人，然而後來他們都成了人工智慧歷史上偉大的先驅學者。達特茅斯會議象徵著「人工智慧」這門新興學科的正式誕生，會議中提出了三大猜想，即明斯基的 SNARC 學習機，麥卡錫的 α-β 搜尋法，以及賽門和紐厄爾的「邏輯理論家」，這奠定了關於人工智慧的理論基礎。

　　明斯基提出進行資料建模，實現在電腦內自主辨識和判斷的網路模型，並稱為神經網路理論。明斯基在會議上展示了神經網路電腦 SNARC 的雛形，並且指出人類大腦複雜的思考機制，可以透過技術方法引入到電腦的邏輯運算中，從而使得電腦具有自我學習的能力。這一理論在幾

十年後得到了驗證，並製造出了許多高性能的機械生命體。

　　麥卡錫的 α-β 搜尋法可以說是針對電腦下棋程式誕生的，它的目的是如何減少電腦需要考慮的棋步，使得搜尋能夠更高效能的進行。對於 α-β 搜尋法，我們可以透過「撲克牌比大小」的例子來理解。在一場比賽中，A 和 B 分別代表牌局對決雙方，他們之間的博弈關係就是誰的撲克牌面大。按照規定，A 將手中兩套不同的撲克放在兩個不同的盒子裡，假設第一個盒子裡裝著「紅心 10」和「梅花 Q」，第二個盒子裡裝著「紅心 8」和「梅花 J」。由 B 來抽取其中一個，假設 B 抽取了第一個盒子中的「紅心 10」，再抽取第二個盒子，而這一次抽取，是需要和第一次抽取的結果進行比較的。如果在第二個盒子中抽到的最小的牌面都大於「紅心 10」，則 B 一定會放棄第一個盒子的方案；如果在第二個盒子抽到最大的都小於「紅心 10」，則第二個盒子的方案將不在 B 考慮範圍內。至此在本次搜尋中，搜尋結果低於或超過既定值，本次搜尋停止。α-β 搜尋法至今仍是解決人工智慧技術問題中常用的高效能方法。

　　賽門和紐厄爾提出的「邏輯理論家」程式能夠進行非數值思考，實現自動定理證明，已成功證明了伯特蘭‧羅素（Bertrand Russell）主編的《數學原理》一書第 2 章 52 個定理中的 38 個定理。該系統被認為是電腦探索人類智慧活動的第一個真正的成果。

2. 感知器：初級的腦模型

　　1958 年，美國著名的心理學家羅森布拉特（Frank Rosenblatt）在《心理學評論》上發表了著名論文〈感知器：腦的組織與資訊貯存的機率模型〉，該論文推廣了 MP 模型，提出了著名的感知器模型（腦感知模型）。羅森布拉特感知器是用於線性可分模式分類的、最簡單的神經網路模型，一個神經元構成的感知器可以完成兩類模式的線性劃分，在此基礎上很容易推廣到多個神經元的感知器，多神經元感知器可以完成

多種分類。這項理論打開了深入研究人工神經網路的大門，為 1980 年代多層感知器的研究奠定了基礎。

感知器也稱為感知機，是人工神經網路中的一種典型結構，它的主要特點是結構簡單，是生物神經細胞的簡單抽象，單個神經細胞可被視為一種只有兩種狀態的機器——激動時為「是」，而未激動時為「否」。這被視為一種最簡單形式的前饋式人工神經網路，是一種二元線性分類器。

羅森布拉特給出了感知機的學習（訓練）演算法，主要有感知機學習、最小二乘法和梯度下降法。感知機演算法可以找到神經元的各個連接權值應該是多少，從而實現類的自適應劃分（見圖 1-29）。例如，感知機利用梯度下降法對損失函數進行極小化，求出可將訓練資料進行線性劃分的分離超平面，從而求得感知器模型。感知器的收斂原理就是透過訓練感知器，自動把兩類分開。

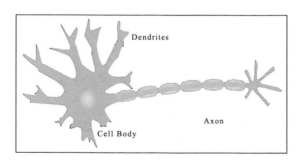
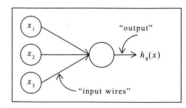

圖 1-29 神經元與感知機模型

感知器模型鼓舞了人工智慧研究者，最初被認為具有良好的發展潛能，但感知器最終被證明不能處理諸多的模式辨識問題，如不能解決簡單的異或（XOR）等線性不可分問題。明斯基及西摩爾·派普特（Seymour Papert）等人在當時已經了解到多層神經網路能夠解決線性不可分的問題。

3. 神經網路

明斯基被稱為人工智慧之父，也是框架理論的創立者。1946 年，他進入哈佛大學主修物理，並選修了電氣工程、數學、遺傳學等多個學科專業，在哈佛大學獲得學士學位後，進入普林斯頓大學進修並獲得數學博士學位。他的學術研究涉獵廣泛，不僅是人工智慧領域的權威，而且在認知心理學、數學、電腦語言、機器人和光學等多個領域都做出了重要貢獻。

1951 年在普林斯頓大學，明斯基和同學建構了第一臺基於模擬突觸增強原理的隨機連線網路學習機器人，這是第一臺神經網路機器人，也是世界上第一個神經網路模擬器，是人工智慧最早的嘗試之一，它能夠在其 40 個「代理」（人工神經元）和一個獎勵系統的幫助下穿越迷宮。在此項研究的基礎上，明斯基綜合利用他多學科的知識，解決了使機器能基於對過去行為的知識預測其當前行為的結果這一問題，並以〈神經網路和腦模型問題〉（*Neural Nets and the Brain Model Problem*）為題完成了他的博士論文，於 1954 年獲得博士學位。他的博士論文〈神經 - 模擬增強系統的理論及其在腦模型上的應用〉具體的闡述了這臺神經網路電腦的工作原理。

1969 年，明斯基和派普特在《感知器》一書中，經過嚴格的數學分析，證明了羅森布拉特感知器的學習缺乏一般性，從本質上無法實現全局的最佳化。單層感知器解決線性問題的能力差，例如，它的輸入輸出之間不能形成「異或」邏輯函數關係，對非線性問題更是無能為力。

由於羅森布拉特等人沒能夠及時推廣感知機學習演算法到多層神經網路上，加上明斯基在該研究領域中的重大影響，導致人們對感知器和一般神經網路的計算能力產生了嚴重懷疑，造成了人工神經網路領域發展的長時期停滯及低潮。1969 年，科學家發明了「反向傳播學習演算

法」，但是直到 1980 年代，反向傳播演算法才被人們廣泛接受。多層感知器、徑向基函數網路、支援向量機等神經網路有了自己的學習演算法，也都克服了單層感知器的計算局限性。

1987 年，明斯基承認他們的認識局限性，《感知器》書中的錯誤得到了校正，並更名再版為 *Perceptrons-Expanded Edition*。1990 年代初期，科學家採用嚴格的數學方法，證明了多層感知器可以表達任何函數關係，具有強大的計算功能。

4. 扎德模糊數學

當智慧學沿著神經計算方向發展時，數學家扎德提出了向人思考特徵靠攏的模糊集理論：模糊數學。模糊數學又稱 Fuzzy 數學，是研究和處理模糊性現象的一種數學理論和方法。

在人類的生產實踐、科學實驗、日常生活及語言表達中，人們經常會遇到模糊概念（或現象）。例如，大與小、輕與重、高與矮、快與慢、長與短、動與靜、深與淺、美與醜等都包含著一定的模糊概念。例如，我們常常談論一個人的身高，說某人足有 180 公分高，180 公分是一個比較精確的概念，還可以更精確些；而高個頭、矮個頭、中等身高等概念是模糊的、不確定的。在日常生活中，我們無須苛求所有事物的準確性，因為有些精確的判斷並無意義。

模糊數學研究的意義在於：不同事物之間、同一事物的不同發展階段常有漸變的過渡性特徵，導致事物區分上的模糊性；人類思維反映客觀事物的規律也具有模糊性，所以概念、判斷、推理常常具有模糊性；從世界的複雜多變和人類認識的隨機應變性來說，過於準確、精細、嚴格的推理和計算可能會導致認識的局限性，模糊性、不確定性也意味著多種可能性。模糊數學正好提供了模糊關係、模糊模式辨識、模糊邏輯與推理等一系列的數學方法，這種理論更接近客觀事物和人類智慧的實

圖 1-30 扎德

際，成為當代智慧學的支柱之一。

扎德（Zadeh）（見圖 1-30）是一名優秀的數學家和控制論學者，先後在美國麻省理工學院和哥倫比亞大學獲得碩士、博士學位。他的早期研究主要集中在系統論和決策分析上。

1965 年，他在美國雜誌《資訊與控制》上發表了數學史上第一篇模糊數學論文〈模糊集合〉，自此他的研究方向轉入模糊集理論及其在智慧系統、語言學、邏輯、決策分析、專家系統和神經網路領域的應用。

扎德開創性的提出了模糊集理論，這種數學更貼近人類的思維。模糊數學是一個較新的現代應用數學學科，它是繼經典數學、統計數學之後發展起來的一個新的數學學科，它把數學的應用範圍從確定性的領域擴大到了模糊領域，即從精確現象到模糊現象，模糊集理論是研究具有模糊性的量的變化規律的一種數學方法。

扎德指出，若對論域（研究的範圍）U 中的任一元素 x，都有一個數 $A(x) \in [0，1]$ 與之對應，則稱 A 為 U 上的模糊集，$A(x)$ 稱為 x 對 A 的隸屬度。當 x 在 U 中變動時，$A(x)$ 就是一個函數，稱為 A 的隸屬函數。隸屬度 $A(x)$ 越接近於 1，表示 x 屬於 A 的程度越高，$A(x)$ 越接近於 0 表示 x 屬於 A 的程度越低。用取值於區間 [0，1] 的隸屬函數 $A(x)$ 表徵 x 屬於 A 的程度高低，這樣描述模糊性問題比起經典集合論更為合理。

模糊集理論 [13] 引入了取值在 [0，1] 整個區間的「隸屬度」概念。隸屬度屬於模糊綜合評價函數裡的概念：模糊綜合評價是對受多種因素影響的事物做出全面評價的一種十分有效的多因素決策方法，其特點是評價結果不是絕對的肯定或否定，而是以一個模糊集合來表示。例如，

如果認為 180 公分肯定算高個頭，隸屬度等於 1；可能 170 公分不能肯定算是高個頭，但在一定程度上屬於高個頭，可以認為它屬於高個頭的隸屬度等於 0.45；屬於中等身材的隸屬度為 0.6。

模糊邏輯摒棄了二值邏輯簡單的否定和肯定，是二值邏輯的擴展，使電腦模擬人類思維、處理模糊資訊成為可能。1974 年，英國工程師曼達尼（Mamdani）將模糊集合和模糊語言用於鍋爐和蒸汽機的控制，創立了基於模糊語言描述控制規則的模糊控制器，獲得了良好的控制效果。1979 年，他又成功的研製出了具有較高智慧的自組織模糊控制器。模糊控制的形成和發展，對智慧控制理論的形成產生了十分重要的推動作用。因此模糊數學大大的擴展了科學技術領域，在眾多領域得到了應用。例如，1980 年代以來，模糊控制的家電產品大量上市，在機器人與過程控制、故障與醫療診斷、交通燈控制、聲音與圖像處理、市場預測等領域，模糊控制也得到了廣泛應用。

1.2.5 智慧技術的瓶頸：人工智慧的幻覺破滅谷底期

在人工智慧發展的浪潮中，研究者們對於未來充滿期待，從不憐惜讚許的詞彙，甚至有些人被勝利沖昏了頭腦，盲目的樂觀起來。

赫伯特・賽門在 1957 年曾說過：「我的目的不是使你驚奇或者震驚，但是我能概括的最簡單的方式是說現在世界上就有能思考、學習和創造的機器，而且，它們做這些事情的能力將快速成長直到——在可見的未來，它們能處理的問題範圍將與人腦已經應用到的範圍共同擴張。」甚至在 1958 年，他與紐厄爾自信滿滿的說：「不出 10 年，電腦就可以戰勝西洋棋的冠軍，證明一個重要的數學定理，譜寫出優美的音樂。」[14]

然而，歷史告訴我們：這些預言經過了 40 年甚至更長的時間，才得以實現。當年人工智慧科學家們之所以過於自信，是因為早期人工智慧系統在簡單實例上發揮了極強的性能，但是，在解決更加複雜更加寬泛

的問題上卻屢遭失敗。

1. 早期機器翻譯

人工智慧技術遭受打擊最明顯的領域是早期的機器翻譯[15]，當時的研究者認為機器翻譯依靠簡單的句法處理和電子字典的單字替換即可實現雙語翻譯，美國國家研究委員會為此還資助了 2,000 萬美元。但經過近十年的研究仍未達到需求，甚至表現極其讓人失望。著名的實驗例子是 the spirit is willing but the flesh is weak（心有餘而力不足）由機器翻譯成俄文，再由機器翻譯譯回英文，結果是 the vodka is good but the meat is rotten（伏特加酒是好的而肉是爛的），含義完全是風馬牛不相及。早期的機器翻譯並沒有考慮結合背景知識來消除歧義並重構句子內容，因此，1966 年美國諮詢委員會最終認為「尚不存在通用科學文本的機器翻譯，近期也不會有」，隨後美國國家研究委員會取消了對所有的機器翻譯項目的資助。然而，如今的機器翻譯已獲得了大幅的改進，具體內容可參見 1.3.2 節。

2. 萊特希爾報告

1973 年，著名數學家萊特希爾（Lighthill）向英國政府提交了一份關於人工智慧的研究報告，對當時的機器人技術、語言處理技術和圖像辨識技術進行了嚴厲批判，尖銳的批評了人工智慧那些看上去高端無比卻根本無法實現的理念，認為人工智慧研究已經完全失敗。該報告引發了人們對人工智慧的深入思考，各國政府和機構在人工智慧領域的投資變得更為謹慎，紛紛減少或停止了資金投入，這將人工智慧領域帶入了寒冬期。

人工智慧的寒冬並非偶然的。在人工智慧的期望膨脹期，雖然創造了各種軟體程式或硬體機器人，但這些都沒有考慮與實際的工業產品相

結合，看起來都只是研究者們的科學設想、實驗室裡的理想模型。當真正面向實用的工業產品時，科學家們就遇到了一些前所未有、不可戰勝的挑戰。

（1）硬體設備局限

當時電腦的計算能力有限，1976 年世界最快的電腦 Cray-1 造價數百萬美元，但處理速度還不到 1 億次，普通電腦的計算速度還不到一百萬次。如果要運行某個包含 2100 的計算程式，當時的電腦就要計算數萬億年。如果用電腦模擬人類視網膜視覺，至少需要執行 10 億次指令。這些都決定了人工智慧技術應用於實際產品之中時，無法發揮其真實的作用。

（2）缺乏資料量

人工智慧技術的研究需要大量的人類經驗和真實世界的資料，但由於當時電腦和網際網路都沒有普及，根本無法獲取到龐大的資料用於演算法訓練。要想讓人工智慧機器達到一個 3 歲嬰兒的智力水準，也要觀看過數億張圖像、聽過數萬小時的聲音之後才能形成。

（3）莫拉維克悖論

漢斯・莫拉維克（Hans Moravec）是卡內基美隆機器人系的教授，他和很多人工智慧科學家都發現：數學推理、代數幾何這樣的人類智慧，電腦可以用很少的計算力輕鬆完成，而對於圖像辨識、聲音辨識和情感分析這些任務，人類幾乎無須動腦，靠本能和直覺就能完成，但電腦卻需要龐大的運算量才可能實現。這個論調一方面讓人懷疑早期神經網路演算法的有效性和實用性，另一方面也導致人工智慧技術向更加功利化、實用化方向發展，不再像人工智慧黃金時代那樣理想化，幾乎放棄了對模擬通用人類智慧的追求。

1.2.6 智慧技術的重生：人工智慧的啟蒙爬升期

在經歷了多年的低谷期後，專家系統的誕生讓人們重燃了對人工智慧的期望，它成功的走出了實驗室，應用於商業化的設備公司。然而，之後由於配套技術的發展未能達到要求，人工智慧又跌入過一次「寒冬期」。1980 年代到 21 世紀初，隨著工業技術的發展，人工智慧技術所需要的訓練基礎已逐漸成熟，機器學習的研究和神經網路技術的回歸，再次將人工智慧帶領到大眾的眼前，並且進入了穩定的技術爬升期。

1. 專家系統

專家系統是一個智慧電腦程式系統，它使用人工智慧技術和電腦技術，根據某領域一個或多個專家提供的知識和經驗，進行推理和判斷，模擬人類專家的決策過程，以便解決那些需要人類專家處理的複雜問題，簡而言之，專家系統是一種模擬人類專家解決領域問題的電腦程式系統。

專門應用於專家系統的電腦語言很多，例如，基於邏輯的有 LISP、Prolog 語言等，現在常用的電腦開發語言 Clips、Visual Prolog、Visual Basic 等也可應用於專家系統的開發。

費根鮑姆（Edward Albert Feigenbaum）（見圖 1-31）是專家系統與知識工程領域的代表人物，被譽為「專家系統與知識工程之父」。他是美國史丹佛大學教授、美國國家工程院院士、1999 年圖靈獎獲得者，曾經是人工智慧大師賽門的研究生，他主張把人工智慧用於解決實際問題，而不限於研究下棋等娛樂應用之類。

圖 1-31　費根鮑姆

1962 年，費根鮑姆產生了建立專家系統的想法，恰好他的史丹佛同事、生物學家、遺

傳學家、諾貝爾生理學 —— 醫學獎獲得者萊德伯格（Lederberg）提出了一種根據質譜儀資料列出所有可能的分子結構的演算法。他們兩人和布坎南（Buchanan）合作，開始探討用光譜與分子結構關係規則表示知識，進而建立知識系統的問題。1969 年他們開發出名為 DENERAL 的專家系統，該系統能從光譜儀提供的資訊中推斷出分子結構。在開發過程中，他們請教了分析化學家，把光譜中應用的波峰模式加入到了專家系統中。

DENERAL 程式本身可以產生所有分子式一致的可能結構，然後透過與實際光譜比較來預測觀察到的每種光譜。在辨認分子所包含的一個特殊結構後，就能推出大量可能的結構。DENERAL 程式的重要性在於，它是一個成功的專家系統，它針對特定目標收集了大量專門知識與規則。

專家系統與知識工程在實踐中顯示出強大的生命力，1972 至 1976年，費根鮑姆小組又開發了 MYCIN 醫療專家系統，用於抗生素藥物治療和血液感染診斷。該系統適用於醫生評估症狀對診斷的影響，美國的一些大學和英國的治療中心，由此提出了基於機率論和實用性的疫病診斷和治療方法。在指導鑽孔勘探方面，一種基於機率推理的地質勘探專家系統獲得了重要成就。隨後，CASNET 青光眼診斷醫療專家系統，RI 電腦結構設計專家系統、MACSYMA 符號積分與定理證明裝甲系統、ELAS 鑽井資料分析專家系統相繼開發成功。

1977 年，費根鮑姆提出了知識表達、知識工程等新概念，提出了關於知識工程的一系列研究理論。1980 年代，專家系統和知識工程在全世界迅速發展，得到了廣泛共識。

然而，專家系統有一定的局限性，它是在領域專家與系統設計者之間反覆交互意見的基礎上建立的，與傳統電腦方法最本質的區別在於：它是基於經驗和知識解決的問題一般沒有演算法，它經常需要面對不完

全、不精確或不確定的資訊做出結論。因此，在應用中超出一定範圍，專家系統的錯誤可能非常嚴重。

2. 機器學習

學習是人類智慧的主要內涵，也是獲得知識的基本方法。儒家經典《禮記》中提到「學：效；習：鳥頻頻起飛。」中國古代的哲人已經認識到：學習是對實例的仿效，而且要反覆練習，並強調「學以致用」和「舉一反三」的推廣應用能力。人工智慧大師賽門說：「學習，是在系統不斷重複的工作中對本身能力的增強和改進，使得系統在下一次執行相同或類似的任務時，能比現在做得更好或效率更高。」人腦是怎麼學習的？如何使電腦具有像人類一樣的強大的學習能力呢？如果機器不會學習，就不能算是合格的智慧機器人？科學家既希望機器能夠獲得學習的能力，又希望機器學習有助於揭示人腦的奧祕、理解人類學習的機理、能力和不足。

機器學習是人工智慧的一個重要分支，也是一個多學科交叉的領域。其中，與心理學和神經生物學的關係最為密切，因為研究生物學習和神經系統工作原理，可以為機器學習提供借鑑，如表 1-1 所示。

表 1-1　各學科與機器學習的關係

學　科	與機器學習的關係
哲學	提供指導思想和分析方法
控制論	研究學習處理過程中的控制，對下一個過程做出預測
信息論	提供處理過程的信息度量，對最佳編碼進行分析
心理學	研究人學習的方法、模式和規律，為機器學習提供借鑑
神經生物學	研究生物神經系統的工作原理，為人工神經網路學習模式提供借鑑

學　科	與機器學習的關係
計算理論	學習任務的複雜性研究，計算量樣本量出錯數量估計
統計學	根據有限樣本，估計可能誤差；研究統計學習理論
人工智慧	用符號方法實現學習功能，提高求解、搜索和專家學習的能力
貝葉斯方法	基於概率、推理的學習演算法，並為其他學習演算法提供理論框架

　　機器學習起源於 1950 至 1960 年代，在感知器學習、自適應學習、模式辨識等領域獲得了顯著成果。後在 1960 至 1970 年代，發展緩慢，但在符號主義的符號概念獲取、邏輯結構和歸納學習方面仍然獲得了不少進展。1970 至 1980 年代，開始應用於專家系統和知識工程中，收穫頗豐。1980 年，美國卡內基美隆大學召開了首屆國際機器學習研討會，1986 年，國際《機器學習》雜誌創刊，機器學習作為相對獨立的學科出現在大學校園裡。

　　在當今社會，機器學習已經有了十分廣泛的應用，例如，資料挖掘、電腦視覺、自然語言處理、生物特徵辨識、搜尋引擎、醫學診斷、檢測信用卡欺詐、證券市場分析、DNA 序列測序、語音和手寫辨識、策略遊戲和機器人運用等。學習是一項複雜的智慧活動，學習過程本質上是學習系統（人、生物或機器）不斷自我提升的過程，機器學習是在面對任務時，機器（學習系統）根據經驗（實例、資料），把指導者提供的資訊，轉換成系統自身能夠理解應用的形式，以不斷提高自身性能的過程。

　　機器學習過程與推理過程是緊密相連的，通常要從特殊訓練樣本中歸納出一般概念或規律，常常以函數方式表現。機器學習的重要步驟

為：選擇原始資料，並按照要求進行分類；使用訓練資料來建構主要特徵的資料模型；驗證、測試、使用、最佳化已經建構的資料模型性能（見圖 1-32）。

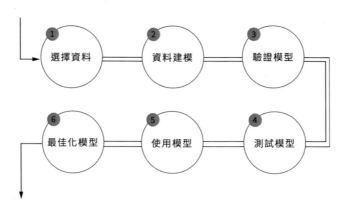

圖 1-32　機器學習的工作方式

　　機器學習依託大量資料、超強計算能力、學習演算法三大基石，首先透過大量資料來「訓練」自己，再用超強的計算處理能力處理大量資料，最後運用學習演算法從資料中學習，從而推論出新的指令（演算法模型），這是機器學習的核心優勢。

3. 神經網路回歸

　　沉寂 10 年之後，神經網路又一次走上歷史舞臺，人工智慧研究學者對神經網路的研究有了新的進展。1980 年代中期，研究者們開始重新在神經網路方面做出貢獻。

　　1982 年，物理學家約翰・霍普菲爾德（John Hopfield）在前人的基礎上提出了新型神經網路演算法——霍普菲爾德網路。霍普菲爾德網路作為儲存處理理論，實現了並行分布式處理表達和控制。該演算法是具有一定規模和靈活聯結關係的多層神經網路，強調神經元的集體功能，初步顯示了按內容尋址的聯想記憶的性質。這一切均顯示霍普菲爾德網

路對人腦的模擬研究更加接近真實生物腦的情況，但它與生物腦之間的差距仍然是當代科學無法跨越的。

1986 年，傑佛瑞·辛頓（Geoffrey Hinton）等研究者重新發表了反轉（backpropagation）學習演算法，也就是大名鼎鼎的 BP 神經網路，有效的解決了多層網路的訓練問題。BP 神經網路演算法思想早在 1969 年由 Bryson 和 Ho 首次建立，但直到十多年後才再次被研究者使用。該演算法目前仍被用於電腦學習和心理學中的學習問題。它避免了傳統感知器帶來的龐大計算量問題，大幅提升了計算效率。

1989 年，辛頓的博士後楊立昆（Yann LeCun）發表了卷積神經網路演算法，後將其用於讀取銀行支票上的手寫數字，該系統在 1990 年代末占據了美國近 20% 的市場。

至此，具有學習能力的神經網路演算法一路發展，廣泛應用於文字圖像辨識、語音辨識等，並出現了大量商業化的產品。

4. 深藍

電腦博弈（下棋）一直是人工智慧研究者關注的領域，但業界總會有不少人持一種態度，認為就算是最先進的電腦，也不可能戰勝人類。 直 到 1997 年 5 月 11 日，IBM 公司的電腦「深藍」戰勝西洋棋世界冠軍卡斯帕洛夫（Garry Kasparov），成為了首個在標準比賽時限內擊敗西洋棋世界冠軍的電腦系統（見圖 1-33）。這是人工智慧的一個里程碑，也讓

圖 1-33 「深藍」與卡斯帕洛夫比賽

業界重新對人工智慧的研究建立起信心。[16]

　　這次電腦的勝利並非一帆風順。「深藍」研發完成之時，IBM 發言人對媒體宣稱：「我們的團隊用了 6 年時間，研發出了世界上第一流的電腦『深藍』號，它可以使用 31 個功能強大的處理器並行運算，3 分鐘就可以搜尋 500 億步棋路。」同時，IBM 向當時所向披靡的西洋棋世界冠軍卡斯帕洛夫提出了挑戰。1996 年 2 月，卡斯帕洛夫接受了挑戰，這次對決他以 4：2 的大比分戰勝了「深藍」。卡斯帕洛夫的勝利讓人們堅信人類遠比電腦聰明。然而，IBM 的工程師們在接下來的一年時間裡繼續鑽研，改良「深藍」中存在的問題和不足。終於在 1997 年開啟了第二次的雙方對決。這次人機對決仍然得到了公眾媒體的關注，紐約市民可以透過廣場公播影片觀看最後一輪比賽的賽事直播。這次比賽中，「深藍」沒有掉以輕心，掌握了比賽的節奏，只見卡斯帕洛夫時而將頭深深的埋在雙手之間，時而狠狠的拉拽自己的頭髮，人們不禁懷疑這還是那個戰無不勝、沉著冷靜的卡斯帕洛夫嗎？實際上，在六輪比賽過程中，卡斯帕洛夫還是想了許多奇招，他甚至摒棄了自己常用的棋路，選擇了一些從未出現過的攻防招數，試圖混淆「深藍」的判斷。只是，改良換代後的「深藍」並沒有陷入他的圈套，反而能夠很快的找到最佳的破解方法。最終，六輪比賽的結果大比分是 2.5：3.5，「深藍」2 勝 3平 1 負。至此，「深藍」的成功被譽為人工智慧對於人類的勝利，也見證了人工智慧技術的再次攀升。

　　深藍所採用的演算法核心仍是前文提到的麥卡錫的 α-β 搜尋法。該演算法的基本思想是，利用已經搜尋過的狀態對搜尋進行剪枝，以提高搜尋的效率。演算法首先按照一定的原則模擬雙方一步步下棋，直到向前看幾步為止，然後對棋局進行打分，分數越大表示對我方越有利，反之表示對對方有利，並將該分數向上傳遞。當搜尋其他可能的走法時，會利用已有的分數，減掉對我方不利對對方有利的走法，盡可能最大化

我方所得分數，按照我方所能得到的最大分數選擇走步。可以看出，對棋局如何打分是 α-β 搜尋演算法中非常關鍵的內容。「深藍」採用規則的方法對棋局打分，大概的思路就是對不同的棋子按照重要程度給予不同的分數，如車分數高一點，馬比車低一點等；同時還要考慮棋子的位置賦予不同的權重，如馬在中間位置比在邊上的權重就大；還要考慮棋子之間的關聯，如是否有保護、容易被捕捉等。當然，實際系統中比這要複雜得多，這裡只是舉例說明。這樣打分看起來很粗糙，但是如果搜尋的深度比較深的話，尤其是進入了殘局，還是非常準確的，因為對於西洋棋來說，當進入殘局後，棋子的多少可能就決定了勝負。在深藍之後，這種方法被先後應用到中國象棋、日本將棋等人機對抗中，均達到了人類的頂級水準。

1.2.7 當今智慧世界

21 世紀以來，隨著大數據、雲端運算、物聯網技術的發展，人工智慧技術不再局限於演算法的研究，而是已經融合到複雜系統之中，進行更加廣泛的商業化應用。同時，演算法的研究也更加智慧和深入，產生了具有自我學習能力的深度學習演算法。因此，本文將對複雜系統的前世今生做簡要的介紹，並對人工智慧熱門焦點之一的深度學習中主要的演算法和成果進行總結。

1. 複雜系統

亞里斯多德曾經說過：「整體大於部分之和。」世界本身就是紛繁複雜的，從古至今，人們一直試圖理解複雜系統，從而解開世界的奧祕。科學探索就是發現隱藏在複雜、混亂狀況後面的規則與模式，把紛繁複雜的「複雜事物」變成相對簡單、容易理解的「簡單事物」。著名物理學家霍金（Hawking）說過：「我認為下一個世紀會是複雜性世紀。」他

預言，21 世紀科學家們將花費大量的時間和精力去研究複雜性理論，從而解決現實生活中的複雜系統問題。

20 世紀複雜性研究思潮主要包括整體論階段、資訊論 —— 控制論與系統論階段和全新的階段。

（1）整體論階段：1930 至 1940 年代

整體論強調，複雜事物是由多個部分組成的整體，而整體大於部分之和。或者說，整體具有組成部分所沒有的東西，把各組成部分機械堆積在一起並不是整體，不能產生該事物，也不能解釋該事物的性質和行為。

整體論與還原論不同，還原論強調事物的整體行為，可以歸結為組成部分（元素）行為的綜合，而「強」整體論則認為，在系統的組成元素裡沒有系統的整體新性質，「弱」整體論認為複雜系統的整體特性是在它各部分的相互作用中產生的。

（2）資訊論 —— 控制論與系統階段：1950 至 1960 年代

維納以反饋控制、資訊論、電腦及神經科學等多學科融合的方法，綜合研究各類系統（人、動物與機器）的控制，資訊交換和反饋調節，看重研究過程中的數學關係，並由此提出了控制論，這個複雜性研究帶來了全新的視野。夏農的資訊論，用無序性（熵）的減少來解釋系統組織化的複雜性。控制論，指明系統是怎樣感知外部世界訊號、辨識目標、探測現狀與目標之間的差異，以減少和消除差異的。

資訊論 —— 控制論 —— 電腦，從機理的角度對複雜系統的性質提供了還原論的解釋，研究了複雜系統向目標演變的內部成員的行為。系統論、人工智慧和機器人研究獲得了新的動力。

系統論的創立者是美籍奧地利生物學家貝塔朗菲（Ludwig von Bertalanffy，1901 年至 1972 年）。1945 年，他在《關於一般系統論》書中指出，系統論是關於綜合系統及其子系統的一般模式、原則和規律

的理論體系,它強調整體性、統籌全局的最優性、整體與部分統一的綜合性。

1950 年,馮紐曼提出了具有自我複製能力的細胞自動機,它是研究具有繁衍(複製)能力的複雜系統行為的最初理論框架。

(3)全新的階段:複雜巨系統

1970 年代以來,科學迅猛發展,人們更執著於研究事物的複雜性。伴隨著人工免疫系統(1986 年)、人工生命(1987 年)的研究,到 1996 年,賽門把層級理論作為複雜系統理論的基礎,複雜性與複雜系統的研究進入了一個新的階段。

1990 年,中國著名科學家、工程控制論開創者錢學森大力倡導「開放的複雜巨系統」研究;1992 年提出了「綜合集成研討廳」的理論框架,採用「從定性到定量的綜合集成技術」,把人的思維和思維成果、人的知識和智慧以及各種資訊集合起來,構成「大成智慧工程」。複雜巨系統包括人腦系統、人體系統、我們生存的環境與生態系統、社會系統以及國際網際網路系統(見圖 1-34)[24]。

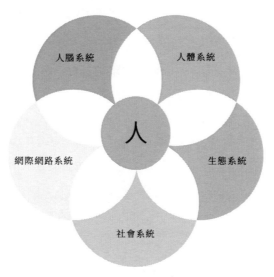

圖 1-34 複雜巨系統

錢學森高瞻遠矚，早在 1990 年就提出把網際網路系統納入複雜系統研究。網際網路系統是具有網路智慧的、世界最複雜系統，它能把數以千億的使用者和複雜的社會系統結合在一起。

1994 年，中國人工智慧專家戴汝為的研究團隊積極投入到複雜巨系統研究。戴汝為認為，複雜巨系統具有以下主要特性。

開放性：系統與外部以及子系統之間，都存在著能量、資訊和物質的交換。複雜性不僅表現在系統本身，還突出表現在與動態環境的交互作用及不確定性。

多層次性：整個系統的層次很多，子系統或組件的組成模式也多種多樣。

湧現性：組成系統的組件通常是分布式或時空交疊的，其功能各不相同。相互作用方式以及隨時間的變化的不確定性，導致在整體上時而湧現出獨特的、新的性質和作用模式。

巨大性：系統的子系統或基本單元的數目極其龐大，可能成千上萬甚至數以億計。

人 —— 機結合：巨系統中，人表現為特殊的高等智慧組件，能處理目前機器智慧尚不能完成的功能。人機結合使得有可能把某個領域專家，甚至多個學科領域專家的知識、經驗結合起來，融入巨系統。

2. 深度學習

21 世紀以來，深度學習技術更加受到人工智慧研究人員的青睞。深度學習是機器學習的一種，它的核心與神經網路相關。如同機器學習一樣，深度學習主要依賴於大量資料和資料標注。它是能夠使電腦系統從經驗和資料中得到提高的技術，具有強大的能力和靈活性，從而將大千世界表示為嵌套的層次概念體系。

在神經網路復興和機器學習發展的基礎上，深度學習技術 [17] 發展得

到了極大的推進。1980 年代到 21 世紀初，電腦硬體和分散式技術快速發展，傑佛瑞・辛頓（見圖 1-35）在 2006 年提出了深度學習概念，開發了深度信念網路（deep belief net，DBN）演算法，並得以廣泛的應用於並行處理器上。

圖 1-35 傑佛瑞・辛頓

該演算法具有的快速學習訓練方法獲得了驚人的成果，打破了長期以來深度網路難以訓練的僵局。從此，媒體開始追蹤報導深度學習領域獲得的各種成果。不過，深度信念網路仍存在一定的局限性，它需要在一個固定的層面進行。然而，不論是語音還是圖像，並不是在一個固定的層面出現。

在處理圖像方面，卷積神經網路技術發揮了極大的作用。1984 年，日本學者福島邦彥創立了卷積網路理論，並建構了原型神經感知機。1998 年，楊立昆成功建立了深度學習常用模型之一的卷積神經網路（convoluted neural network，CNN）。21 世紀以來，研究者們將該方法應用於圖像處理。2012 年，NIPS 會議上辛頓研究組發表了論文〈深度卷積神經網路下 ImageNet 分類〉（*ImageNet Classification with Deep Convolutional Neural Networks*），將圖像中對象分類的錯誤率降低到了 18%，並且在處理 2,000 億張圖片的能力上遠超於傳統的電腦視覺技術。該論文的發表堪稱深度學習神經網路領域的里程碑事件。此後，該技術受到了各大公司的關注。2013 年，辛頓加入了 Google 公司，楊立昆也去了 Facebook 公司。

2011 年開始，深度學習成為了科學研究機構、科技公司、工業界高度關注和發展的方向。圖像辨識、語音辨識、機器翻譯、情感分析、人機對抗等領域全面發展，其中最讓世人關注的便是 2017 年深度學習網路程式 AlphaGo 毫無懸念的擊敗了圍棋世界冠軍柯潔。Google 的

DeepMind 公司研發的 AlphaGo 採用了改進後的蒙特卡羅方法，並透過自我對弈增強自身學習效果（即「強化學習」，詳見 1.3.6 節），它對 15 萬場比賽進行學習。AlphaGo 具有兩個不同神經網路的「大腦」，它們相互合作進行下棋，它們都採用了多層神經網路，去過濾處理圍棋棋盤的定位，透過 13 個完全連接的神經網路層進行分類和邏輯推理，最終產生對棋盤的局面判斷。AlphaGo 的成功象徵著電腦技術已進入了人工智慧的新資訊技術時代，電腦的智慧正在接近人類智慧。此後，Google DeepMind 執行長戴密斯·哈薩比斯（Demis Hassabis）宣布「要將阿爾法圍棋（AlphaGo）和醫療、機器人等進行結合」，而不僅作為一個遊戲工具，它所具備的自主學習的能力，能夠將它所需的資料進行學習和移植。

我們可以看到人工智慧技術的演進經歷了漫長的發展時間，多次起起伏伏，最終仍能夠一步步的呈螺旋狀上升發展（見圖 1-36），如今人工智慧技術的發展正處於穩定爬升期。人工智慧技術在各領域的應用成果也層出不窮，下節將圍繞人工智慧技術在當今最新應用的幾個方面進行介紹。

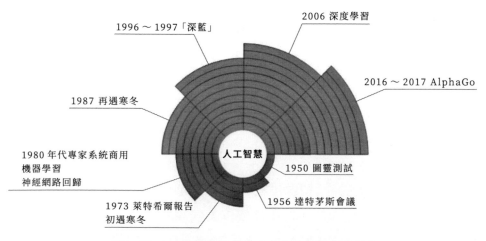

圖 1-36 人工智慧技術螺旋式上升發展的演進事件

1.3 人工智慧的最新應用

如今，人工智慧技術已開始應用於多個領域，涉及多個知識點，本節將列舉幾個最新應用方向重點介紹。

1.3.1 群體智慧

成群的蝙蝠在狹窄黑暗的山洞中飛行卻互不碰撞，雁群在領頭雁的帶領下排成人字形，軍團蟻在巴西的熱帶雨林中以扇形行進……這些自然界的集群行為早已引發了科學家的好奇心。

螞蟻、蜜蜂、細菌等生物個體能力一般，與牠們脆弱的個體能力相比，其群體卻表現出驚人的能力。這中間隱藏著什麼奧祕？牠們的群體（社會）行為力量是如何形成的？對我們有哪些啟發？我們能夠藉以改變我們人類的群體智慧嗎？

在由眾多生物個體構成的群體中，不同個體之間的局部行為並非互不相關，而是相互作用和相互影響，進而作為整體性的協調有序的行為產生對外界環境的影響。生物群體正是透過個體行為之間的協同作用來獲得更積極的響應方式，進而達到「整體大於部分之和」的有利效果。

群體行為是大量自驅動個體的集體行動，每個自驅動個體都要遵守一定的行為準則，當牠們按照這些準則相互作用時就會表現出智慧的複雜行為。群體智慧（Swarm Intelligence）正是群居生物透過合作表現出的自組織、分散式的宏觀智慧行為，具有如下特點。

（1）集群智慧具有較強的環境適應能力，不會由於若干個體出現故障而影響群體對整體問題的解決。

（2）群體中的個體透過影響環境實現間接互動，這決定了集群智慧會隨著個體數目的增加而增強，具有較好的擴展性。

（3）群體中個體所遵循的行為規則簡潔明瞭，群體智慧是在不同個

體的互動過程中表現出來的，群體智慧具有自發的組織性。

　　人類群體中也存在著類似的集體行為，但並不是所有的集體行為都表現為積極的智慧，這就是「從眾」現象，個體被群體操控著，甚至失去了獨立思考的能力。作為一種社會心理學現象，「從眾」行為在法國社會學家古斯塔夫・勒龐（Gustave Le Bon，西元 1841 年至 1931 年）的經典著作《烏合之眾》和美國社會學家艾力・賀佛爾（Eric Hoffer，1902 年至 1983 年）的代表作《狂熱分子》中都有精彩的分析。古斯塔夫說：「在人類社會中，個人一旦形成群體，便智商盡失……甚至樂於犧牲自己的個人利益以達到群體目標。」

　　兩位企業管理家透過對有「組織的天才」之稱的蜜蜂和螞蟻群體研究之後，發現這些群體的穩定性非常可貴。形成穩定群體的原因主要是不同層級之間的分工、智力的「整合」、權力的下放，以及各子系統間的高度關聯性等，使牠們具有一種快速應變和自組織能力，無須太多自上而下的控制和管理。他們借鑑昆蟲的群體智慧，並結合多年的管理經驗，發表了《哈佛商業評論》，提出了蜂群智慧（SI）或蜂群演算法、群體最佳化演算法。蜂群智慧演算法能使相對簡單的控制器（智慧體）透過組合凸顯強大功能，已經成功解決了工程和通訊中的最佳化問題。

　　蜂群演算法與遺傳演算法相似，都以生物群體為研究對象。初始群體中的個體反覆模仿昆蟲或動物的社會行為，參考牠們過去的經驗，以及與其他個體和環境的關係來調節自身，設法找到問題的最佳解決方法。與遺傳演算法不同的是，蜂群演算法沒有雜交和變異問題。

　　集群智慧已經在機器人上開始應用，哈佛大學的研究人員開發了由 1,024 個機器人組成的 Kilobot，這個大規模的機器人群體能夠在沒有外界干預的情況下，自組織的形成複雜的二維形狀。Kilobot 只是用於科學研究的原型設計，無人機集群的智慧化則已經應用於實際。

1.3.2 機器翻譯

機器翻譯源於對自然語言的處理，就是使用電腦把一種自然語言翻譯為另一種自然語言，這種高度智慧化的任務在電腦誕生之初就被列為一項重要的應用研究。1946 年，世界上第一臺現代電腦 ENIAC 誕生。隨後不久，資訊論的先驅、美國科學家韋弗（Warren Weaver）於 1947 年提出了利用電腦進行語言自動翻譯的想法。1949 年，韋弗發表《翻譯備忘錄》，正式提出機器翻譯的思想。

語言作為資訊的載體，其本質可以被視為一套編碼與解碼系統，字／詞是構成語言的基本元素，每一種語言都可以解構為字／詞組成的集合。但是同一個詞可能存在多種意義，在不同的語言環境下也具有不同的表達效果，逐字對應的翻譯只適應於意義單一的專業術語，並不適應於複雜多變的日常生活語言。例如，同樣是「花」這個詞語，在華語中可以表示多個含義：花朵、開花、眼花、花心等多重意思，不同語言之間有著不同的語法規則，因此，簡單的逐字翻譯不可能在兩種不同語言的基本元素之間架起一座橋梁，實現準確的對應。

美國語言學家，轉換 —— 生成語法的創始人諾姆·杭士基（Noam Chomsky）為機器翻譯提供了全新的理論基礎：他在經典著作《句法結構》（*Syntactic Structures*）中指出，語言的基本元素並非字詞，而是句子，一種語言中無限的句子可以由有限的規則推導出來。機器翻譯開始由逐字翻譯轉向基於句法規則的整句翻譯，「規則」指的是句法結構與語序特點。這種翻譯方法把句子視為整體，根據句子的邏輯關係進行處理，處理方式更為靈活，更符合語言表達的實際。

但是基於句法規則的機器翻譯方法很快遇到了新的難題：生活中存在著看似沒有語義關聯，卻約定俗成的個性化、多樣化的表達，翻譯軟體很難把「你醬紫」翻譯成「你這樣子」。基於句法規則翻譯的窘境迫

使研究者們從新思考機器翻譯的原則轉向基於語言實例的翻譯方法。現在，從人類已有語言實例中提取規則，基於深度學習和大量資料挖掘的機器翻譯已是業界主流，Google 公司正是這個領域的領頭羊與先行者。

在基於神經機器翻譯（Google neural machine translation）的演算法之前，Google 翻譯技術團隊的主要力量是語言學家，主要從事語法規則的研究。當機器翻譯的理念從句法結構與語序特點的規則轉換為對大量語料的統計分析、資料挖掘、建構模型後，Google 公司將技術團隊中的主要力量從原本的語言學家替換為電腦科學家。機器翻譯走向了一個神經機器翻譯的新階段。

2016 年 9 月，Google 公司研究團隊宣布開發 Google 神經機器翻譯系統，同年 11 月，Google 翻譯停止使用其自 2007 年 10 月以來一直使用的專有統計機器翻譯（SMT）技術，開始使用神經機器翻譯（NMT）。神經機器翻譯最主要的特點是整體處理，也就是將整個句子視作翻譯單元，對句子中的每一部分進行邏輯的關聯翻譯，翻譯每個字詞時都考慮到整句話的邏輯。

在結構上，Google 公司的神經機器翻譯建立了由長短期記憶層構成的分別用於編碼和譯碼的遞歸神經網路，並引入了注意力機制和殘差連接，讓翻譯的速度和準確度都能達到使用者的要求。編碼器和譯碼器都由 8 個長短期記憶層構成，兩個網路中不同的長短期記憶層以殘差連接。編碼器網路的最底層和譯碼器網路的最頂層則透過注意力模組進行連接，其作用在於使譯碼器網路在譯碼過程中分別關注輸入語句的不同部分。

出於效率的考量，神經機器翻譯同時使用了資料並行計算和模型並行計算。資料並行計算的作用在於並行訓練模型的多個副本，模型並行計算的作用則在於提升每個副本中梯度計算的速度。此外，Google 公司還在較精確性和速度之間做出了一些折中，利用量化推斷技術降低算術

計算的較精確性，以換取運行速度的大幅度提升[18]。

在提出神經機器翻譯僅僅兩個月後，Google 公司又提出了「零知識翻譯」的概念，即直接將一種語言翻譯成另一種語言（例如中文到日文）。以前 Google 翻譯會先將源語言翻譯成英文，然後將英文翻譯成目標語言，而不是直接從一種語言翻譯成另一種語言。這一系統在前文系統的基礎上更進一步，只用一套模型便可以實現 103 種不同語言間的互譯。這一多語種互譯系統是對原始系統改進的結果：它並未修改基礎系統的模型架構，而是在輸入語句之前人為的添加標示以確定翻譯的目標語言。透過共享同一個詞胞資料集，這一單個模型就能夠在不添加額外參數的前提下實現多語種的高品質互譯。

雖然在模型訓練的過程中不可能將每種語言都納入資料庫，但互譯系統可以透過特定的「橋接」操作實現對在訓練過程中沒有明確遇見過的語言對之間的互相翻譯，這也就是「零知識翻譯」的含義。

雖然 Google 公司在機器翻譯領域獲得了很大成就，但機器翻譯的準確率仍然有待提高，更不用擔心機器翻譯取代人工翻譯。機器翻譯的文本類別有限，當前來看結果也不甚理想，遠沒有達到令人滿意的程度。但是，以 GNMT 系統為代表的神經機器翻譯的發展，為今後人機結合的翻譯提供了必要的保障。GNMT 系統的翻譯結果可以作為英語專業學生提升翻譯水準的一面鏡子，查找自身的不足。GNMT 系統和英語專業學生的翻譯水準的共同提高，必然會為譯文品質的提高和翻譯效率的提升打下堅實基礎。

1.3.3 圖像辨識

圖像辨識，是指利用電腦對圖像進行處理、分析和理解，以辨識各種不同模式的目標和對象的技術。圖像辨識以圖像的主要特徵為基礎，因為每個圖像都有它的特徵，如顏色、形狀、大小、線條、風格等。在

圖像辨識過程中，程式必須排除輸入的多餘、無效資訊，抽取出關鍵、全面的特徵資訊，並把相關特徵資訊整合成一個完整的視覺圖像。

春天來了，漫步在美麗的大自然中，靈巧有趣的小昆蟲、美麗動人的鮮花、生機盎然的草木，有緣相遇，卻不知其名，這難道不是一件遺憾的事情嗎？中國科學院植物所攜手微軟亞洲研究院推出「微軟識花」App[19]，其智慧花卉辨識和知識系統將成為你的賞花寶典（見圖1-37）。我們只需要拍攝花朵照片或選擇手機圖庫中的花朵圖片，系統會將圖片與龐大花卉資料庫進行比對、辨識，快速、精確的辨識這些各式各樣的花朵，並透過花語、藥用價值等資訊，講述關於花朵的小祕密，讓你一秒變身識花達人！「微軟識花」支援 iOS 系統，同時，它是一款離線應用程式，無須聯網，意味著你可以在登山途中或其他無法連接網路的任意場所使用。

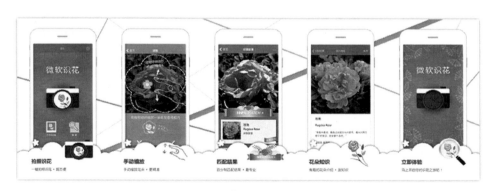

圖 1-37 「微軟識花」App

機器識花參考的是人類觀察物體、判斷物體種類的方法：首先根據圖片的整體輪廓，判斷有無花朵存在，並去掉花朵外的其他干擾事物；接下來透過花朵的形狀、顏色、紋理、果實等關鍵的局部特徵確定花朵的類型。

據微軟研究院傅建龍博士介紹：「傳統的深度學習技術是一個自下而

上的學習過程，讓電腦在底層的高維資料裡學習隱藏的高層語義表達。如果我們能在人工智慧之外加入人類智慧，對機器的深度學習進行指導，把自下而上和自上而下的學習過程相結合，會大大提升深度學習的精度和效率。」

微軟識花依據植物「界門綱目科屬種」的分類系統，建立起對「科——屬——種」基本層級概念的認知，透過引入關於花卉層級結構的知識，並透過科——屬——種之間的關聯與區別來指導機器學習。首先根據花朵的整體特徵確定花的「科」，然後透過花朵的分布與形態等細節確定花的「屬」，再根據花朵的顏色和紋理等細微的特徵判斷花的「種」。這種獨特的視覺多級注意力模型，由粗到細，由整體到局部，逐步分析細節的關鍵特徵部分，並結合深層神經網路技術，提高了圖像辨識的準確率。

例如，連翹和迎春花的顏色都是黃色，且花型基本上相同，開花的季節也都是在春季，所以很多人分不清連翹和迎春花的區別。我們使用微軟識花程式，迎春和連翹這兩種極為相近的花朵，也可以根據各自特徵辨認出來。如迎春花的花瓣相比連翹花會多出一兩片花瓣，且連翹花的花朵比較大一些，迎春花的花朵比較小。還可以根據花朵的朝向進行分辨，迎春花開花的時候，花朵的方向是朝上綻放的，而連翹花的花朵是朝著下面開的。

圖像辨識技術不僅能辨別花朵這麼簡單，用於人臉辨識的圖像辨識技術是一項更有重要意義的應用。人臉辨識，是基於人的臉部特徵資訊進行身分辨識的一種生物辨識技術。用攝影機或攝影鏡頭採集含有人臉的圖像或影片流，並自動在圖像中檢測和追蹤人臉，進而對檢測到的人臉進行臉部辨識的一系列相關技術，通常也叫作人像辨識、面部辨識。

人臉辨識系統的研究始於 1960 年代，它整合了人工智慧、機器辨識、機器學習、模型理論、專家系統、影片圖像處理等多種專業技術，

同時須結合中間值處理的理論加以實現，是生物特徵辨識的最新應用。其核心技術的實現，展現了弱人工智慧向強人工智慧的轉化。

2015 年，微軟上線了一個顏齡的機器人網站「how-old.net」，這個網站可以根據使用者上傳的照片從面相上分析人物的年齡。「how-old.net」開發團隊在開發程式時就考慮到了程式在全球範圍內的通用性，因此受到很多明星以及一般網友的追捧。微軟年齡辨識的原理：系統透過對上傳照片中人像的瞳孔、眼角、鼻子等 27 個「面部地標點」辨識並展開分析，進而得出性別和年齡。受拍照光線、髮型、角度、妝容等因素影響的辨識結果有時並不準確，如正臉、仰拍、側面以及素顏、美顏等不同拍攝類型的照片，辨識出的結果差距很大。

人臉辨識至今仍主要用於身分辨識，未來的應用將會越來越廣泛，為我們日常生活帶來更多驚喜與便利。在智慧預警方面，人臉辨識是較好的選擇，不僅能滿足靜態辨識的需求，而且能滿足動態辨識場合需求。如火車站、海關、邊界等場所安全係數要求高但人員基本在流動，為了避免遺漏人像資訊，除了快速抓拍之外，後臺程式以高頻率將人臉圖像與人臉資料庫對比。例如在通關時，系統將會在約 0.2 秒的時間內極速與資料庫進行對比，判斷對比的人物是否屬於嫌犯、恐怖分子、失蹤人員等；若確定為預警人員，系統則會發出警告，拒絕其出入境，並同時提醒警方。一直以來，為保證效率，人臉辨識對比速度與精確度要求都非常高，現在人臉辨識技術的每臺伺服器可達到每秒完成 2,000 萬人次即時對比，也就是說只需 1 分鐘即可完成全中國的人臉資料對比。

人工智慧發展迅速，人臉辨識技術在實現智慧預警的同時，也出現了新的安全問題。2019 年 8 月末到 9 月初短短數天，微信朋友圈被人工智慧換臉軟體 ZAO 刷屏。使用者只要上傳一張照片，就能將自己的臉換成明星的臉。當人們還沉浸在消遣娛樂的喜悅中時，人臉辨識帶來的風險不期而至。

現在人臉資訊都是與個人資訊（包括身分證號碼、家庭住址、銀行帳號等）綁定的，由於人類的生物特徵資料具有唯一性，生物特徵一旦被非法竊取利用，基於此特徵的身分認證系統均可被輕易繞過，從而導致大規模隱私洩露，產生系統性風險。

1.3.4 輔助診斷

人工智慧不僅能夠提升我們的生活品質，而且也能夠拯救我們的生命，為我們的健康護航。在臨床診斷上，醫療影像是協助醫生判斷病情的重要資訊，醫療資料中有超過 90% 的資料來自於醫學影像。人類正在探索人工智慧在臨床上輔助診斷的應用，未來 80% 常見病的診療方案可以由人工智慧來提供，這就可以使醫生從大量重複性勞動中解放出來，將更多精力投入到疑難雜症的治療中。

「華生醫生」[20] 誕生於 2015 年，它先是在《危險邊緣》電視遊戲節目中擊敗人類選手，勇奪冠軍。奪冠之後，「華生」超級電腦就開始了在醫學院的「研究之路」。IBM 公司開始申請研發和《危險邊緣》電視遊戲中的超級電腦相似的創新項目，青出於藍而勝於藍，「華生」超級電腦能夠幫助醫生更好的診斷病人的疾病，並能正確的回答醫生的疑難雜問。「華生」超級電腦將輸入世界頂級醫學出版物上的醫學資訊和資料，並結合病人的症狀、用藥史，由此給出診斷結果，形成一套完整的診斷和治療方案。由於「華生」超級電腦能夠掌握現代醫學的大量資訊，所以這一技術進展的意義也非常重大。

在印度，「華生醫生」為一名癌症晚期患者找到了診斷方案；在日本，它用 10 分鐘確診了一例罕見的白血病；在中國，它為一位胃癌晚期的患者提出了最佳診療方案。華生超高的診療效率和精準的診療結果，讓人類醫生刮目相看。

人類醫生在進行病情診斷時，依據的是自己多年行醫累積的豐富的

臨床經驗，而「華生醫生」依據的是相關病歷的大數據分析。這種診斷方法被稱為循證醫學（evidence-based medicine），意為「遵循證據的醫學」，又稱實證醫學，其核心思想是在臨床研究的基礎上，同時也重視結合個人的臨床經驗，做出醫療決策。循證醫學不同於傳統醫學，不以經驗醫學為主，但並非取代臨床技能、臨床經驗、臨床資料和醫學專業知識，它只是強調任何醫療決策應建立在最佳科學研究證據的基礎上。循證醫學所需要的大量科學研究證據主要來自醫學知識、臨床實驗、系統性評價等，這正是資料處理的用武之地。

　　2011 年，IBM 公司開始訓練「華生醫生」，由於華生在前期累積了豐富的自然語言處理經驗，這使它能夠使用自然語言處理技術分析病人的病史和特徵，再借助大數據處理技術，迅速給出診斷提示和治療意見。「華生醫生」曾經為一名虛擬眼疾患者提供了診斷，診斷準確率達到了 73%。「華生醫生」的第一份工作來自美國保健服務提供商，據《華爾街日報》報導，美國保健服務提供商 WellPoint 公司與 IBM 公司簽署了一項協議，「華生」幫助 WellPoint 公司中負責複雜病例的護士完成工作，同時它將審查醫療服務提供者的醫療請求。它還會被應用於小規模的腫瘤臨床實踐之中，WellPoint 公司的執行副總裁洛瑞·比爾（Lori Beer）表示公司希望這項服務能夠提高醫療保健的品質，並降低其昂貴的價格。

　　隨後，「華生醫生」的行醫軌跡遍布全球。2014 年，德州大學安德森癌症中心與 IBM 公司合作打造「登月項目」，該項目透過採用 IBM 華生技術來消除癌症。安德森癌症中心的腫瘤學專家顧問（Oncology Expert Advisor）由華生認知計算系統驅動，幫助臨床醫生制訂、觀察和調整癌症患者的治療方案。華生醫生還將簡化和標準化患者的病歷，將收集、整合的實驗室資料輸入安德森癌症中心的病人資料庫，然後對病人資訊進行深度分析。除了安德森癌症中心外，梅約診所（Mayo

Clinic）也在透過 IBM 華生進行概念試驗，以更快速、高效能的為患者提供合適的臨床試驗。IBM 公司和梅約診所正在擴大華生的知識語料庫，納入梅約診所及 ClinicalTrials.gov 等公用資料庫，同時訓練該知識庫分析病人紀錄和臨床試驗條件，以提供合適的配對。

泰國康民國際醫院採用 IBM 華生認知計算在曼谷研究中心提高癌症治療成功率，並在 16 個國家的機構進行病例評估。該系統將有助於醫生利用醫療證據、學術研究、MSK 廣泛的臨床技術以及每名患者的紀錄為癌症病人制訂有效的治療方案。此外，紐約斯隆 - 凱特林醫院、克利夫蘭診所也和華生有著業務合作。在未來，「華生」也許還可以獲取病人病歷及其他方面的資訊，然後綜合反饋給醫生，以提高醫生的診斷速度。

華生並不是第一個被用在醫療領域的機器人，已經有很多「前輩」的身影出現在醫院裡。來自日本 Riken 和 Sumitomo Riko 公司的「大白」機器人護士 ROBEAR，以及來自美國達文西公司的協助或者部分代替醫生做手術的機器人。人工智慧不僅能在醫學影像分析這類診斷工作上大顯身手，還能夠代替人類醫生使用柳葉刀。目前世界上最先進的手術機器人是由美國直覺外科公司製造的達文西手術系統。

達文西外科手術系統是一種高階機器人平臺，其設計的理念是透過使用微創的方法，實施複雜的外科手術。達文西機器人由三部分組成：外科醫生控制臺、床旁機械臂系統、成像系統。控制臺位於手術室無菌區之外，主刀醫生坐在控制臺中，透過雙手和腳來控制器械和一個 3D 高畫質內視鏡，手術器械尖端與外科醫生的雙手同步運動。

床旁機械臂系統是外科手術機器人的操作部件，是具有三個機械手臂的機器人，每個機械手臂的靈活性都遠遠超過人類的手臂，還配有可以進入人體即時拍攝的微型攝影機，其主要功能是為器械手臂和攝影手臂提供支援。助手醫生機械手臂系統負責更換器械和內視鏡，協助主刀

醫生完成手術。

　　成像系統內裝有外科手術機器人的核心處理器以及圖像處理設備，在手術過程中位於無菌區外，可由巡迴護士操作，並可放置各類輔助手術設備。外科手術機器人的內視鏡為高分辨率 3D 鏡頭，對手術視野具有 10 倍以上的放大效果，醫生即時監控手術過程，並在必要的時候加以人工干預。目前，共有 3,000 例達文西手術系統工作在世界各地的醫療機構中，共完成了超過 300 萬臺外科手術。

1.3.5 智慧推薦

　　1995 年 3 月，卡內基美隆大學的 Robert Armstrong 等人在美國人工智慧協會上提出了個性化導航系統 Web Watcher；史丹佛大學的 Marko Balabanovic 等人在同一會議上推出了個性化推薦系統 LIRA；1997 年，AT&T 實驗室提出了基於合作過濾的個性化推薦系統 PHOAKS 和 Referral Web；2001 年，IBM 公司在其電子商務平臺 Websphere 中增加了個性化功能，以便商家開發個性化電子商務網站。2011 年 9 月，百度世界大會 2011 上，李彥宏將推薦引擎與雲端運算、搜尋引擎並列為未來網際網路重要策略規畫以及發展方向。百度新首頁將逐步實現個性化，智慧的推薦出使用者喜歡的網站和經常使用的 App。

　　推薦系統最早應用於電子商務，是利用電子商務網站向客戶提供商品資訊和建議，幫助客戶決定應該購買什麼產品，模擬銷售人員幫助客戶完成購買過程。個性化推薦是根據客戶的興趣特點和購買行為，向客戶推薦客戶感興趣的資訊和商品。推薦系統正是透過有效的採集和分析這些資料，來決定推送的產品和服務。早期的推薦系統只根據對象客戶的所有行為做出推薦，隨著電腦處理能力的進化和資料的爆炸式成長，協同過濾為推薦系統帶來了翻天覆地的變化。協同過濾將物品之間的關聯引入評價體系中，推送的準確性更高，達到了更好的推送效果。

　　推薦系統主要有三個重要的模組：客戶建模模組、推薦對象建模模組、推薦演算法模組。推薦系統把客戶模型中的興趣需求資訊和推薦對象模型中的特徵資訊配對，同時使用相應的推薦演算法進行計算篩選，找到客戶可能感興趣的推薦對象，然後推薦給客戶。

　　智慧推薦有多種推薦方法：基於內容的推薦、基於協同過濾的推薦、基於關聯規則的推薦、基於效用的推薦、基於知識的推薦、組合推薦等。

　　基於內容的推薦（content-based recommendation）是建立在項目的內容資訊上做出推薦的，而不需要依據客戶對項目的評價意見，更多的需要用機器學習的方法從關於內容的特徵描述的事例中得到客戶的興趣資料。

　　基於協同過濾的推薦（collaborative filtering recommendation）技術是推薦系統中應用最早和最為成功的技術之一。協同演算法可以分為對客戶的協同和對物品的協同。客戶協同計算的是客戶之間的相似度。它一般採用最近鄰技術，利用客戶的歷史喜好資訊來計算客戶之間的距離，然後利用目標客戶的最近鄰居客戶對商品評價的加權評價值來預測目標客戶對特定商品的喜好程度，從而系統根據這一喜好程度來對目標客戶進行推薦。協同過濾最大的優點是對推薦對象沒有特殊的要求，能處理非結構化的複雜對象，如音樂、電影、藝術品等。例如，兩個客戶 A 和 B 都購買了同一款電子產品，說明他們的需求、品味相似，客戶之間的距離較近。如果兩個人購買的產品類型相差較多，他們的距離就拉大了。距離相近的客戶被劃分在同一個鄰集中，同一個鄰集中的客戶具有較強的相關性。

　　對物品的協同依據的是同一客戶對不同物品的評分差異來生成物品之間的距離。物品之間的距離往往是透過成百上千的客戶的評分計算出來的，具有相對穩定的特點，因而推薦系統可以預先計算距離並生成推薦結果。

　　對物品的協同也存在難以解決的問題：刻板。演算法能夠找到喜歡同一物品的人，卻不能找到喜歡同一類物品的人，因為物品的特徵往往是多元化、複雜化的。隨著機器學習的發展，降維演算法逐漸得到應用。降維就是將物品的特徵簡單化、抽象化，將多數複雜的特徵轉換為少數、單一的特徵。降維的概念來自數學中的矩陣理論，它能將一個複雜矩陣用稀疏的特徵值來表示。例如，透過一個人對不同類型書籍的評分情況，可以勾勒出一個人模糊的興趣愛好：偏愛、喜歡 A 類型，討厭、不喜歡 B 類型作品。他選擇書的標準可以用 10 個以內的特徵來描述，降維演算法就是從千百本書中提取這 10 個特徵。透過與這些特徵進行對比，推薦演算法能夠迅速確定讀者的喜好。這是一種更為一般性的推薦方法，能夠發現相似卻不同喜好的客戶。

　　降維演算法的應用開啟了人工智慧對推薦系統的改造，把推薦系統看作是人機互動的結果，透過引入時間維度來達到系統和客戶的動態最佳化。

　　基於協同過濾的推薦系統可以說是從客戶的角度來進行相應推薦的，而且是系統從購買模式或瀏覽行為等隱式獲得的，不需要客戶努力的找到適合自己興趣的推薦資訊，如填寫一些調查表格等。

　　2006 年至 2009 年，美國線上串流媒體公司 Netflix 斥資百萬美元發起了 Netflix Prize 競賽，這是推薦系統領域具有代表性的事件。Netflix 新一代推薦系統的承載形式是「會員首頁」，約三分之二的影片流量都是從首頁發起的。Netflix 推薦系統的核心是個性化影片評分，它是針對每個使用者給出個性化推薦結果，透過降維演算法，得出使用者的觀影喜好特徵，再根據這些特徵完成個性化的推送。除了個性化評分之外，Netflix 推薦系統中的「排行榜」和「正在流行」也是重要的推薦方法。「排行榜」的作用是在個性化推送中進一步選擇，「正在流行」則是借助近期趨勢來預測使用者的行為。

1.3.6 強化學習

當 AlphaGo 戰勝了世界圍棋冠軍李世乭，整個人類世界都為之振奮，越來越多的科學家進入到強化學習這一人工智慧的新領域。強化學習，又稱增強式學習，是一種重要的機器學習方法，是深度學習領域迅猛發展起來的一個分支，目的是解決電腦從感知到決策控制的問題。

強化學習是從動物學習、參數擾動自適應控制等理論發展而來，其基本原理是有機體如何在環境給予的獎勵或懲處的刺激下，逐步形成對刺激的預期，產生能獲得最大利益、最高獎賞的習慣性行為。

與傳統的深度學習不同，強化學習是基於環境反饋實現決策制定的通用框架，根據不斷試錯而得到的獎勵或懲罰來形成決策，強調在環境的交互過程中學習。強化學習與標準的監督式學習不同，更加專注於即時學習、調整、應對，需要在已有知識基礎上探索、應對未知領域的難題。

強化學習模型包括如下幾個組成部分：（1）環境狀態的集合。（2）主體動作的集合。（3）狀態之間轉換的規則。（4）規定轉換後「即時獎勵」規則。（5）描述主體能夠觀察到什麼的規則。在強化學習中，規則往往是隨機的，主體可以觀察到的內容是即時獎勵和最後一次轉換。

強化學習的主體與環境基於離散的時間步長相作用，其目標是得到盡可能多的獎勵。主體選擇的動作是其歷史的函數，它可以選擇隨機的動作。將這個主題的表現和自始至終以最優方式行動的主體相比較，它們之間的行動差異產生了「悔過」概念。

強化學習使用樣本來最佳化行為，使用函數近似來描述複雜的環境。這使強化學習可以應用在更加複雜的環境中。在現實生活中，模型所處的環境是複雜、模糊的，人類很難從模型中求得解，所能做的僅限於給出環境的模擬模型。在這種情況下，從環境中求得解的唯一辦法就

是和它互動，這類問題可以透過引入強化學習來解決。

　　深度增強學習（deep reinforcement learning，DRL）是深度學習的一個分支，目的是解決電腦從感知到決策控制的問題，從而實現通用人工智慧。強化學習和深度學習相輔相成，強化學習（見圖1-38）給出了要實現的目標，深度學習則定義了實現目標的方法，兩者相互促進，幫助人類找到了通向通用人工智慧的通道。

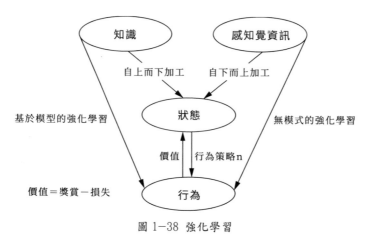

圖 1-38　強化學習

　　以 Google DeepMind 公司為首，基於深度增強學習的演算法已經在影片、遊戲、圍棋、機器人等領域獲得了突破性進展。2016 年，Google DeepMind 推出的 AlphaGo 圍棋系統，使用蒙特卡羅樹搜尋和深度學習結合的方式使電腦的圍棋水準達到甚至超過了頂尖職業棋手的水準，引起了世界性的轟動。AlphaGo 的核心就在於使用了深度增強學習演算法，使得電腦能夠透過自我對弈的方式不斷提升棋力。深度增強學習演算法由於能夠基於深度神經網路實現從感知到決策控制的端到端自我學習，具有非常廣闊的應用前景，它的發展也將進一步推動人工智慧的革命。

　　目前最新的深度強化學習演算法是 DeepMind 公司於 2016 年提出的 UNREAL 演算法，這套演算法將強化學習和無監督式學習結合起來，

並以輔助任務對演算法進行改進，是目前效果最好、最新的深度增強學習演算法。它在 A3C 演算法的基礎上對性能和速度進行進一步提升，在 Atari 遊戲上獲得了人類水準 8.8 倍的成績，並且在第一視角的 3D 迷宮環境 Labyrinth 上也達到了人類水準的 87%，成為當前最好的深度增強學習演算法。

UNREAL 演算法改進了 A3C 演算法，在訓練 A3C 的同時，訓練多個輔助任務。UNREAL 演算法的基本思想與我們人類處理問題的方式相似。人要完成一個任務，達到一個目的往往可以透過多種方式來實現。正如人們常說的「條條大路通羅馬」。例如，學生想解決一個難題，可以自己向老師請教，也可以和同學相互探討，或者自己查資料解決。UNREAL 演算法透過設置多個輔助任務，同時訓練同一個 A3C 網路，這樣不僅加快了學習的速度，而且進一步提升了準確性和效率。

在 UNREAL 演算法中，主要包含了三類輔助任務：第一種是控制任務，包括畫素控制和隱藏層啟動控制。畫素控制是指控制輸入圖像的變化，使得圖像的變化最大。因為圖像變化大往往說明智慧體在執行重要的環節，透過控制圖像的變化能夠改善動作的選擇。隱藏層啟動控制則是控制隱藏層神經元的啟動數量，目的是使其啟動量越多越好。這類似於人類大腦細胞的開發，神經元使用得越多，可能越聰明，也因此能夠做出更好的選擇。

第二種任務是回饋預測任務。因為在很多場景下，回饋值並不是每時每刻都能獲取的，所以讓神經網路能夠預測回饋值會使其具有更好的表達能力。在 UNREAL 演算法中，使用歷史連續多幀的圖像輸入來預測下一步的回饋值作為訓練目標。

第三種任務是價值疊代任務。UNREAL 演算法使用歷史資訊額外增加了價值疊代任務，對價值網路中的神經元參數進行更新，進一步提升演算法的訓練速度。

UNREAL 演算法本質上是透過訓練多個面向同一個最終目標的任務來提升行動網路的表達能力和水準，符合人類的學習方式。值得注意的是，UNREAL 雖然增加了訓練任務，但並沒有透過其他途徑獲取別的樣本，是在保持原有樣本資料不變的情況下對演算法進行提升，這使得 UNREAL 演算法被認為是一種無監督學習的方法。基於 UNREAL 演算法的思想，可以根據不同任務的特點針對性的設計輔助任務，來改進演算法。

強化學習的一個重要應用領域就是實現目標驅動的視覺導航，主要是實現移動機器人在未知環境中從起始位置到目標位置的避障行為。神經網路結合深度學習成為解決機器人導航問題的重要方式。2016 年，美國史丹佛大學的李飛飛研究小組發表了論文〈以深度強化學習實現室內場景下的目標驅動視覺導航〉，使機器人能夠根據即時環境完成目標指令。這項研究讓機器人在高仿真的環境中執行訓練，掌握技能後再遷移到真實的環境中，並獲得了良好的效果。

強化學習在教育和培訓領域的應用。線上平臺已經開始嘗試使用機器學習來創建個性化的體驗。一些研究人員正在研究在教學系統和個性化學習中使用強化學習和其他機器學習方法。採用強化學習可以為輔導系統提供適應學生個人特定需求的客製化的指導和素材。一些研究人員正在為未來的輔導系統開發強化學習演算法和統計的方法。

強化學習在保健和醫學領域的應用。強化學習的智慧體和環境進行互動並基於所採取的行動接收反饋的場景和醫學裡學習治療策略有相似之處。事實上，強化學習在醫療保健中的很多應用都和找到最佳的治療策略有關。

強化學習在文字、語音和對話系統的應用。2017 年早些時候，SalesForce 的人工智慧研究人員使用深度強化學習來進行從原始文本檔案中「摘要出」內容總結，這是基於強化學習的工具能贏得使用者的一

個新領域，因為許多企業都需要更好的文本挖掘解決方案。強化學習也被用來讓對話系統如聊天機器人，透過和使用者的交流來學習，並幫助它們隨著時間的推移逐步改進。

1.3.7 人機介面

2016 年 12 月，央視播出的《挑戰不可能》綜藝節目中，浙江大學黃麗鵬利用一組設備控制小白鼠的運動方向，並先後穿越了障礙物、小橋、隧道及沙漠，成功到達了目的地並完成了挑戰（見圖 1-39）。實驗者在小白鼠腦內安插了電極，電極與小白鼠攜帶的背包內的晶片相連。當實驗者的大腦發出指令後，晶片內儲存的演算法可將腦電波解碼，使電極產生刺激信號，從而控制小白鼠的運動行為，這項試驗正是人機介面技術（brain-computer interface，BCI）的應用 [21]。

圖 1-39　《挑戰不可能》人機介面技術

人機介面也稱為大腦端口（direct neural interface）或者腦機融合感知（brain-machine interface），它是在人或動物腦（或者腦細胞的培養物）與外部設備間建立的直接連接通路，人機介面分為單向人機介面和雙向人機介面。單向人機介面是指電腦單向接收腦傳來的命令，或者發送信號到腦（如影片重建），但不能同時發送和接收信號。雙向人

機介面允許腦和外部設備間的雙向資訊交換，既可以發送信號到大腦，也可以接收來自大腦的信號。

人機介面技術最早應用於人體的植入設備，用於恢復損傷的聽覺、視覺和肢體運動能力。該技術主要利用大腦不同尋常的皮層可塑性，植入設備與人機介面相適應，可以像自然肢體那樣控制植入的假肢。腦電技術是輔助治療的重要方式，具體的實現方式是將電極植入接近大腦皮層的位置，以記錄神經細胞所產生的電勢。

人機介面技術的誕生充滿戲劇性。1963 年，英國伯頓神經病學研究所的威廉沃爾特（William Walter）醫生與他的癲癇病人做了一次實驗。沃爾特醫生使用電路裝置，將病人大腦皮層中場電勢信號放大後轉換為幻燈片的控制信號。當病人產生換片的想法時，腦電波產生電勢變化，就自動完成幻燈片的切換，達到了「意念控制」的神奇效果。這是人機介面技術的第一次完整實現：採集大腦神經信號，翻譯轉換後控制外部設備。

這次不經意的嘗試開啟了對人腦研究的新窗口，人機介面的研究也沿著面向運動功能和面向感覺功能這兩大方向逐漸展開。面向運動功能的人機介面技術研究，主要透過發展演算法重建運動皮層神經元對身體的控制，面向感覺功能的人機介面技術則幫助修復受損的聽覺、視覺和前庭感覺。

「人機介面」這一術語是 1973 年由美國科學家維達爾（Vidal）在研究人視覺時提出的。他以大腦視覺區受到刺激後其神經元產生的誘發電位為控制信號，並透過電腦程式設計將電位信號轉換成電腦螢幕上的光標位置，使操作者透過視覺控制光標成功穿越 2D 迷宮。這被認為是人機介面的雛形。

經過不斷的發展，人機介面技術已進入臨床應用階段。根據腦電波檢測的方式劃分，人機介面技術可以分為非植入式及植入式兩大類。

非植入式人機介面透過在頭部佩戴電極帽的方式對腦電波進行信號採集，這種技術具有無損、方便攜帶、成本較低等優點。這種技術也存在一些不足，由於電極帽與腦神經相隔較遠，電極帽採集的頭皮腦電信號存在採集緩慢、精細度不高、信噪比低、資訊量少、噪音干擾等不可避免的缺點。非植入式人機介面的局限性雖然限制了它在臨床方面的應用，但其在遊戲、虛擬實境等方向具有廣闊的應用前景。在奧地利的格拉茨大學開發的一臺基於非植入式人機介面的魔獸世界遊戲中，體驗者可以透過想像左右手，控制遊戲人物左右轉向，透過想像雙腿運動，控制遊戲人物前進。在 2008 年，美國匹茲堡大學施瓦茨（Schwartz）教授帶領的團隊成功記錄並分析了 100 個以上神經元的活動，《自然》雜誌報導了他們這一傑出的研究成果。團隊以猴子為研究對象，首先訓練猴子用操縱桿控制機械手為自己取食，並利用植入的電極記錄下猴子腦內的神經元活動。隨後將猴子的手綁起來，使猴子在腦內「想像」操作機械手並透過向電腦發射神經元信號控制機械手抓取食物。經過訓練後，猴子可以繞過障礙物控制機械手去取食，當實驗人員拖動食物時，猴子也能調整機械手去做相應調整。

植入式人機介面透過外科手術將電極直接植入到大腦的灰質層中，以獲得高效、準確的神經信號，用來重建視覺、聽覺以及癱瘓病人的運動功能。與非植入式人機介面技術相比，這種技術具有採集的信號分辨率高、資訊量大、準確率高等顯著優勢，實驗者利用植入式人機介面可實現更複雜、多層次、準確的運動。2017 年，《柳葉刀》發表了一項相關治療成果，系統的介紹了這種植入式人機介面技術的最新應用實例。患者因一場不幸的車禍失去了對四肢的控制能力，美國俄亥俄州克里夫蘭凱斯西儲大學生物醫學工程師阿吉博耶（Ajiboye）透過手術分別在患者的腦部運動皮層植入了電極感測器，並在手臂植入了 36 個肌肉刺激電極，包括幫助恢復手指、拇指、手肘和肩膀動作的 4 個電極。這些電極

都與電腦相連。當患者觀察螢幕中的假象手臂並「想像」進行運動時，他的大腦發出運動的腦電信號會被植入運動皮層的感應晶片捕捉到，並經傳輸線上傳至電腦。電腦內對電信號進行分析與轉換，並向位於手臂的肌肉刺激電極發出指令，指揮手臂做出相應運動。

　　除了植入式人機介面和非植入式人機介面外，基於細胞培養物的人機介面也在不斷發展，細胞培養物人機介面是人體外的培養皿中的神經組織和人造設備之間的通訊機制。這方面研究的焦點是在半導體晶片上培養神經組織，並且從這些神經細胞記錄信號或對其進行刺激，建造具有問題解決能力的神經元網路，進而促成生物式電腦。透過對細胞培養物的人機介面技術研究，科學家更清晰、準確的了解了神經元學習、記憶、重塑、連通和資訊處理背後的基本原理。

　　經過培養的神經元透過電腦連接到真實或模擬的機器人組件，這有助於科學家了解人類在細胞層面上如何學習、計算的過程。生物系統在空間和時間維度上都有很強的互動性和連接性，科學家從多重空間和時間角度監控大量神經元活動，這有助於研究神經活動規則、理解神經網路、對大腦運算過程進行反向推理工程。2003 年，美國南加州大學的 Theodore Berger 小組開始研製能夠模擬海馬迴功能的神經晶片。他們將這種神經晶片植入大鼠腦內，使其成為一種高階腦功能假體。他們之所以選擇海馬迴作為研究對象，不僅因為海馬迴具有高度有序的組織，而且因為海馬迴的功能與記憶生成有關。

1.3.8 自動駕駛

　　自動駕駛也被稱為無人駕駛，它無需人類駕駛員就能夠將汽車從一個地點開到另外一個地點，這聽起來是多麼美好，但完全實現並非易事。Google 公司的自動駕駛技術在過去若干年裡一直處於領先地位，不僅獲得了美國數個州合法上路測試的許可，而且在實際路面上也累積了

上百萬英里（1 英里＝ 1,609.344 公尺）的行駛經驗。

　　汽車自動駕駛技術設備（見圖 1-40）通常包括攝影鏡頭、雷射雷達、位置評估器和雷達，透過這些裝備，汽車了解周圍的交通狀況，並透過一個詳盡的地圖對前方的道路進行導航。Google 公司的資料中心能處理汽車收集的關於周圍地形的大量資訊，自動駕駛汽車相當於 Google 資料中心的遙控汽車或者智慧汽車，汽車自動駕駛技術是物聯網技術的應用之一。

雷射雷達
車頂的旋轉感應器對各個方位進行超過 200 英尺（1 英尺＝ 0.3048 公尺）掃描，以獲得精準的關於車身環境的 3D 地圖

位置評估器
左後輪上的感應器測量汽車的小動作，幫助汽車在地圖上準確定位所在位置

攝影鏡頭
靠近後視鏡的攝影鏡頭偵查交通號誌燈，幫助車載電腦辨識人行道和自行車道等障礙物

雷達
4 個標準自動雷達感應器，3 個在車頭，1 個在車尾，幫助汽車決定遠距離障礙物的位置

圖 1-40 自動駕駛

　　富豪汽車的無人駕駛汽車根據自動化水準的高低區分了 4 個無人駕駛的階段：駕駛輔助、部分自動化、高度自動化、完全自動化。

　　駕駛輔助系統（DAS）：目的是為駕駛者提供協助，主要是提供重要或有益的駕駛相關資訊，以及在形勢開始變得危急的時候發出明確而簡潔的警告。如車道偏離警告（LDW）系統等。

　　部分自動化系統：在駕駛者收到警告卻未能及時採取相應行動時，

系統能夠自動進行干預，如自動緊急煞車（AEB）系統和緊急車道變換輔助（ELA）系統等。

　　高度自動化系統：能夠在或長或短的時間區段內代替駕駛者承擔操控車輛的職責，但是仍需駕駛者對駕駛活動進行監控。

　　完全自動化系統：可無人駕駛車輛、允許車內所有乘員從事其他活動，如工作、休息、睡眠以及其他娛樂等，且無須進行監控。

　　2010 年 10 月 11 日，Google 公司的工程人員研發出一款無人駕駛的汽車，並已經在加州的街道上成功試驗行駛。2014 年 12 月中下旬，Google 公司首次展示自動駕駛原型車成品，並且可全功能運行。雖然 Google 公司很早就開始自動駕駛汽車的研發，但是遲遲沒有開始商業銷售，自動駕駛似乎離一般人的生活還很遙遠。相比 Google 公司的保守，特斯拉公司推廣自動駕駛技術比較激進。早在 2014 年下半年，特斯拉公司就在銷售電動汽車的同時，向車主提供可選配的名為 autopilot 輔助駕駛軟體。電腦在輔助駕駛的過程中，依靠車載感測器即時獲取路面資訊，並透過機器學習得到的大量行駛經驗，依靠這些輔助，汽車可以自動調整車速、控制電機功率、煞車以及轉向，幫助車輛避免來自前方和兩側的碰撞，防止車輛駛出路面，這些基本技術思路與 Google 公司的自動駕駛異曲同工。

　　特斯拉公司的自動駕駛還是「半自動」的輔助駕駛，仍需要駕駛員對潛在危險保持警覺並隨時準備親自接管汽車操控，稍有不慎，就會釀成慘劇。2016 年 5 月 7 日，一輛開啟自動駕駛模式的特斯拉電動汽車沒有對駛近自己的大貨車做出任何反應，徑直撞向了大貨車尾部，這導致了駕駛員死亡。

　　遭遇過自動駕駛系統車禍的不只特斯拉公司一家，Google 無人駕駛汽車發生過十幾次的交通事故。Uber 自動駕駛汽車曾經發生側翻，事故的原因是人類駕駛員沒有避讓直行的自動駕駛車輛。值得慶幸的是基本

上都是小事故，無人員傷亡。儘管這一系列事故對開發「自動駕駛」的公司造成了不小的「打擊」，與人類駕駛發生事故的機率相比，自動駕駛汽車導致事故的機率會低很多。

經歷了多年的基礎環境準備和技術累積，自動駕駛在 2019 年進入由輔助駕駛向更高階的智慧駕駛的過渡期。隨著 5G 等新技術的應用落地，物聯網技術的發展，這些技術將進一步助推智慧駕駛的實現。

美國加州大學柏克萊分校電腦科學教授羅素（Stuart Russell）與 Google 公司研究總監諾米格（Peter Norvig）是人工智慧領域的專家，他們在合著的書中說：「看來人工智慧領域的大規模成功——創造出人類級別乃至更高智慧——將會改變大多數人類的生活。」[22] 以上這些應用只不過是當今人工智慧技術存在的幾個實例，該技術已不再僅存於科幻電影，而是真切的在人類社會的生活中發揮著作用，並將持續的進行新的創新和發展。但人類也不必擔心人工智慧機器會搶奪我們的工作，相反，新型的人工智慧機器總會創造更多的就業機會，並且帶來更豐厚的薪酬。

皮耶羅‧斯卡魯菲（Piero Scaruffi）畢業於義大利杜林大學數學系，長期從事人工智慧研究和網路設計。他曾是史丹佛大學訪問學者，還曾在加州大學柏克萊分校講學。他是公認的人工智慧、網路應用領域的先驅，也是矽谷人工智慧研究所的創始人。他說：「實際上，人類是需要智慧機器的。技術上的進步已經幫助人類解決了很多問題，但仍有很多人死於疾病和危險的工作。而且，隨著社會不斷的步入老齡化，人類會比以往更加依賴技術革新。所以說我並不害怕『智慧』機器的到來，我害怕的是它們來得太晚。」[23]

1.4 參考文獻

[1] Harry Coonce, et al. Mathematics Genealogy Project[DB/OL]. (2019-08-15) [2019-08-15].

[2] 蔡天新 · 數學傳奇 [M] · 北京：商務印書館，2016.

[3] 喬治 · 戴森 · 圖靈的大教堂：數字宇宙開啟智慧時代 [M] · 盛楊燦，譯 · 杭州：浙江人民出版社，2015：53-77.

[4] 動感時代 · 人工智慧之父：艾倫 · 圖靈 [EB/OL]. (2016-05-22) [2018-08-22].

[5] 雷克世界 · 致敬「人工智慧之父」馬文 · 明斯基的對與錯 [EB/OL]. (2017-03-19) [2019-08-19].

[6] 中國指揮與控制學會 · 人工智慧符號主義創始人——紐厄爾 [EB/OL]. (2017-05-02) [2019-08-16].

[7] 馮天瑾 · 智慧學簡史 [M] · 北京：科學出版社，2007.

[8] 馬丁 · 奧利弗 · 哲學的歷史 [M] · 王宏印，譯 · 廣州：希望出版社，2003：20.

[9] 羅素 · 西方哲學史及其古今政治、社會情況的聯繫（下卷）[M] · 馬雲德，譯 · 北京：商務印書館，1996：43.

[10] 陳詩谷，葛孟曾 · 數學大師啟示錄 [M] · 北京：開明出版社，2005.

[11] 維納 · 控制論：或關於在動物和機器中控制和通信的科學 [M] · 郝季仁，譯 · 北京：北京大學出版社，2007.

[12] 錢學森，於景元，戴汝為 · 一個科學新領域：開放的複雜巨系統及其方法論 [J] · 自然雜誌，1990，13（1）：3-10.

[13] 陳水利，等 · 模糊集理論及其應用 [M] · 北京：科學出版社，2005.

[14] 集智俱樂部 · 科學的極致：漫談人工智慧 [M] · 北京：人民郵電出版社，2015.

[15] 陳慶霞 · 人工智慧研究綱領的基本問題和發展趨勢 [D] · 南京：南京航空航

天大學，2009.

[16] 馬少平．人工智慧的里程碑：從深藍到 AlphaGo[J]．中國人工智慧學會通訊，2016，6（3）：29-32.

[17] 特倫斯．謝諾夫斯基．深度學習 [M]．姜悅兵，譯．北京：中信出版社，2019.

[18] 王天一．機器翻譯的前世今生 [DB/OL].（2018-03-15）[2019-09-15].

[19] 微軟研究院．微軟識花 [DB/OL].（2016-07-18）[2019-08-18].

[20] 楊敏．機器人醫生沃森將如何改變世界？[DB/OL].（2015-01-13）[2019-09-15].

[21] Serina. 腦機接口已實現，大腦入侵成現實 [J]．科學中國人，2018（10）．

[22] Stuart J R，Peter N. 人工智慧：一種現代的方法 [M]．殷建平，等譯．3 版．北京：清華大學出版社，2013.

[23] Piero Scaruffi．智慧的本質：人工智慧與機器人領域的 64 個大問題 [M]．任莉，張建宇，譯．北京：人民郵電出版社，2017.

第 2 章

烈火中永生

——人工智慧技術的三次浪潮

麥卡錫有一篇文章名為〈什麼是人工智慧〉，文章中講道：（人工智慧）是關於如何製造智慧機器，特別是智慧的電腦程式的科學和工程。它與使用機器來理解人類智慧密切相關，但人工智慧的研究並不需要局限於生物學上可觀察到的那些方法。

人工智慧從 1950 年代出現，發展至今，經歷了三次浪潮（見圖 2-1）。

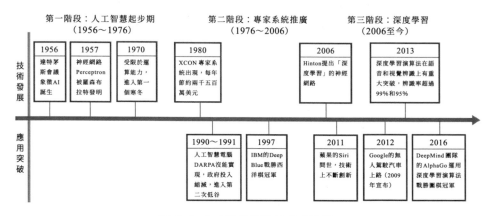

圖 2-1　人工智慧經歷的三次浪潮

人工智慧的第一波浪潮，是從 1956 年到 1976 年，核心是符號主義，主要是用機器學習的辦法去證明和推理特定知識。

人工智慧的第二波浪潮，是從 1976 年到 2006 年，核心是連接主義。但由於機器訓練學習的時候，資料量太大，受到當時計算能力的限制，人工智慧陷入了低潮。

人工智慧的第三波浪潮，是從 2006 年至今，核心是基於網路大數據的深度學習，以多層神經網路為中心，結合計算能力的提升獲得諸多突破，被更多人認可，並走向產業化。

2.1 基於規則的生產系統時代（1956-1976 年）

2.1.1 緣起 —— 希爾伯特第二問題和圖靈機的誕生

在講人工智慧的誕生之前，我們有必要提一提那些為人工智慧的誕生鋪平道路的數學家們。

1900 年，數學家大會在巴黎召開，這次世紀之交的大會空前盛大。數學家大衛‧希爾伯特（David Hilbert，西元 1862 年至 1943 年）做了題為〈數學問題〉的演講，提出了 23 道最重要的數學問題，這就是著名的「希爾伯特的 23 個問題」。希爾伯特問題對推動 20 世紀數學的發展起了積極的推動作用。在許多數學家的努力下，希爾伯特問題中的大多數在 20 世紀中得到了解決。

希爾伯特問題中的第二問題、第十問題與人工智慧密切相關。希爾伯特第二問題 —— 運用公理化的方法統一整個數學，並運用嚴格的數學推理證明數學自身的正確性，顯示了數學家的野心。這個野心被後人稱為希爾伯特綱領，雖然他自己沒能證明數學系統中應同時具備一致性（數學真理不存在矛盾）和完備性（任意真理都可以被描述為數學定理）[5]，但卻把這個任務交給了後來的年輕人。

來自捷克的年輕數學家庫爾特‧哥德爾（Kurt Gödel，1906 年 4 月 28 日至 1978 年 1 月 14 日）向希爾伯特第二問題發起了挑戰，經過細膩的鑽研，他發現，關於希爾伯特第二問題的斷言根本就是錯的：一致性和完備性不能同時具備，任何數學公理系統都存在瑕疵。於是，他提出了被美國《時代週刊》評選為 20 世紀最有影響力的數學定理：哥德爾不完備性定理。

儘管此時人工智慧領域還沒有被開創，但是哥德爾不完備性定理已經為人工智慧做出了預言。數學無法證明數學本身的正確性，如果我們

把人工智慧系統看作一個機械化運作的數學公理系統，那麼根據哥德爾不完備性定理，人工智慧系統不可能同時具備一致性和完備性，則必然存在某種人類可以構造，但是機器無法求解的難題。所以，人工智慧不可能超過人類。

另一個受到希爾伯特問題啟發的年輕人就是艾倫·圖靈。希爾伯特第十問題即「是否存在著判定任意一個丟番圖方程式有解的機械化運算過程」，用今天的話來說就是，是否存在著判定任意一個丟番圖方程式有解的算法。為了解決這個問題，圖靈設想出了一個能夠解決問題的機器 —— 圖靈機。它是電腦的理論原型，刻劃了機械化運算過程的含義，為後來電腦的發明奠定了基礎。

圖靈機一經提出就獲得了科學界的廣泛認可，於是他開始進一步思考圖靈機運算能力的極限在哪裡。1940 年，圖靈開始思考機器能否具備人類的智慧。但他很快意識到人類尚且沒有制定評價智慧的標準。於是，在 1950 年，圖靈發表了文章〈機器能思考嗎？〉，提出了判斷機器是否具有智慧的標準：如果一臺機器通過了「圖靈測試」（見圖 2-2），那麼這臺機器就具有了智慧。

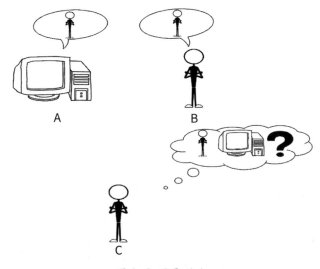

圖 2-2 圖靈測試

　　如果一個人（代號 C）使用測試對象皆可以理解的語言去詢問兩個他不能看見的對象任意一串問題。對象為一個正常思考的人（代號 B）和一臺機器（代號 A）。如果經過若干詢問以後，C 不能得出實質的區別來分辨 A 與 B 的不同，則此機器 A 通過圖靈測試。事實上，圖靈當年在〈機器能思考嗎？〉一文中設立的標準相當寬泛：只要有 30% 的人類測試者在 5 分鐘內無法分辨出被測試對象，就可以認為程式通過了圖靈測試。

　　圖靈測試有其不足之處。圖靈測試將智慧等同於符號運算的智慧表現，而忽略了實現這種符號智慧表現的機器內涵。這樣做的好處是可以將所謂的智慧本質這一問題繞過去，它的代價是人工智慧研製者們會把注意力集中在如何讓程式欺騙人類測試者上，甚至可以不擇手段。所以，對於將圖靈測試作為評判機器具備智慧的唯一標準，很多人開始質疑。因為人類智慧還包括諸如對複雜形式的判斷、創造性的解決問題的方法等，而這些特質都無法在圖靈測試中呈現出來 [5]。

　　英國現代電腦的起步是從德國的密碼電報機——Enigma（謎）開始的，而解開這個謎的不是別人，正是艾倫·圖靈。第二次世界大戰期間，圖靈被徵召到布萊切利莊園（英國破譯密碼的中心）從事密碼破譯工作，並且在破解二戰德軍密碼、拯救國家上發揮了關鍵作用，英國前首相卡麥隆（Cameron）曾評價他是一個「了不起的人」。他的工作獲得了極好的成就，因而於 1945 年獲政府的最高獎——O.B.E. 勳章。德軍的 Enigma 密碼機非常複雜，它最先進的化身可以配置 158,962,555,217,826,360,000 種不同的方式，但有一個致命缺陷，沒有一個字母可以取代它本身。由於密碼變換之多速度之快，圖靈認為人不可能破譯它，只能發明出一個更智慧的機器來戰勝它。最終，密碼破譯的天才圖靈和他的團隊破譯了 Enigma，他們的工作挽救了許多平民和士兵的生命，據說將戰爭至少縮短了兩年。2014 年改編自安德魯·霍奇斯（Andrew Hodges）所寫的傳記《艾倫·圖靈傳》的電影《模仿遊

戲》就聚焦這一時期，講述了圖靈的傳奇一生，獲得了 2015 年第 87 屆奧斯卡最佳改編劇本獎。戰後他試圖恢復戰前在理論電腦科學方面的研究，並結合戰時的工作，開始從事「自動電腦（ACE）」的邏輯設計和具體研製工作。人們認為，通用電腦的概念就是圖靈提出來的。因為 1950 年製造的 ACE 樣機，就是在圖靈的設計思想指導下設計完成的，1958 年製成大型 ACE 機。遺憾的是，圖靈生前遭到了「駭人聽聞的」和「完全不公平的」對待，1954 年 6 月 7 日，圖靈被發現死於家中的床上，床頭還放著一個被咬了一口的泡過氰化物的蘋果。警方調查後認為是劇毒的氰化物中毒，調查結論為自殺。當時圖靈 41 歲。這也就是現在 Apple 公司商標的由來。

　　圖靈既是個神童，又是個怪才。他的首次實驗開始於 3 歲時，他把一個玩具木頭人的小手臂、小腿掰下來栽到花園裡，希望能長出更多的木頭人。8 歲時寫了一部名為《關於一種顯微鏡》的科學著作，並和一句話「首先你必須知道光是直的」來首尾呼應。小時候，他甚至放棄當前鋒進球而在場外巡邊，只為能有機會去計算球飛出邊界的角度。上班途中戴防毒面具以防花粉過敏，為了解決自行車經常半路掉鏈子的問題，他甚至在腳踏車旁裝了一個小巧的機械計數器，到圈數時就停，歇口氣換換腦子，再重新運動起來。

　　總而言之，圖靈在人工智慧上的地位是無人撼動的，他被稱為「人工智慧之父」。1966 年，美國電腦協會設立了以圖靈命名的圖靈獎，以專門獎勵那些對電腦事業做出重要貢獻的人，這相當於電腦領域的諾貝爾獎。然而，伴隨著人工智慧的發展，二戰時圖靈機破譯的 Enigma 密碼，人工智慧僅需 13 分鐘便可破譯。

　　就在哥德爾認真鑽研希爾伯特第二問題時，來自匈牙利的約翰·馮紐曼（1903 年 12 月 28 日至 1957 年 2 月 8 日）也在思考同樣的問題。然而不幸的是，當馮紐曼即將在希爾伯特第二問題上獲得突破時，卻被

哥德爾搶先一步。之後，馮紐曼開始轉向工程應用領域。1945 年，馮紐曼完成了早期的電腦 EDVAC 的設計，並提出了我們現在熟知的馮紐曼體系結構——儲存器＋處理器＋運算單元＋輸入輸出設備的電腦結構。圖靈去美國普林斯頓大學攻讀博士學位期間遇見了馮紐曼，馮紐曼對他的論文擊節讚賞，隨後由此提出了儲存程序概念。馮紐曼體系結構是圖靈機的實現，如果說圖靈給了電腦靈魂，那麼馮紐曼就給了電腦肉體。馮紐曼的電腦終於使得數學家們的研究結出了碩果，也最終推動人類歷史進入了資訊時代。

馮紐曼是猶太人，出生於匈牙利布達佩斯，在德國求學並工作過，最終因為納粹的迫害來到了美國。他一生熱愛數學，雖然開始學習的是化學，但最後獲得的卻是數學博士學位。他是博弈論之父，1942 年，他與莫根施特恩（Morgenstern）合作，寫作《博弈論和經濟行為》一書，這是博弈論（又稱對策論）中的經典著作，使他成為數理經濟學的奠基人之一。他在普林斯頓高等研究院工作期間，還和大名鼎鼎的愛因斯坦是同事。但馮紐曼和愛因斯坦的關係並不密切，據馮紐曼的弟弟透露，馮紐曼對愛因斯坦的「統一場」論持懷疑態度。愛因斯坦和馮紐曼想問題的方式也是不同的，據《生活》雜誌的說法，愛因斯坦想問題比較慢條斯理，對於一個問題可能會想上幾年，而馮紐曼卻是「快速型」的。他喜歡思考，智力過人，但討厭運動。根據他的妻子回憶，他會因為不想嘗試滑雪，而和妻子直接提出離婚。他曾說，日常的鍛鍊就是「在溫暖宜人的浴缸裡進出」[30]。

1948 年，諾伯特·維納（Norbert Wiener）（1894 年 11 月 26 日至 1964 年 3 月 18 日）發表《控制論：或關於在動物和機器中控制和通訊的科學》一書，促成了控制論（Cybernetics）的誕生。據說維納三歲的時候就開始在父親的影響下讀天文學和生物學的圖書。七歲的時候，他所讀的物理學和生物學的知識範圍已經超出了父親。他年紀輕輕就掌

握了拉丁語、希臘語、德語和英語，並且涉獵人類科學的各個領域。後來，他留學歐洲，曾先後拜師於羅素、希爾伯特、哈代（Hardy）等哲學、數學大師。維納在他 70 年的科學生涯中，先後涉足數學、物理學、工程學和生物學，共發表論文 240 多篇，著作 14 本。在控制論中，維納深入探討了機器與人的統一性──人或機器都是透過反饋完成某種目的的實現，因此，他揭示了用機器仿真人的可能性，這為人工智慧的提出奠定了重要基礎。維納也是最早注意到心理學、腦科學和工程學應相互交叉的人之一，這促使了後來認知科學的發展 [5]。維納的理論抓住了人工智慧的核心──反饋，因此可以被視為人工智慧「行為主義學派」的奠基人，其對人工神經網路的研究也影響深遠。

前赴後繼的數學大師們已經鋪開了理論道路，工程師們填補了技術空白，電腦也已經誕生了許多年，終於，在一個不起眼的會議上，人工智慧橫空出世了。

2.1.2 本時期重大研究成果和亮點（一）

電腦的誕生和圖靈測試理論使得機器模擬人類智慧行為的研究出現，尤其是符合馮紐曼結構的電腦誕生後，人們更加覺得電腦可以像人一樣擁有智慧。在這樣的條件下，人工智慧的研究向著兩個方向發展，一類人透過設計好的程式語言體系和相應的樹搜尋法進行問題的求解，用機器解決簡單有規律的問題或活動。另一類人則用語言理解、機器視覺、知識表示、推理規畫等來解決現實生活中難以編寫程式的問題，從此智慧研究出現了多個分支，並在西元 1850 年代掀起第一次研究浪潮。在 1956 年至 1976 年，符號人工智慧獲得了爆發式的發展，獲得了許多矚目的成就。

在機器定理證明領域，紐厄爾和賽門在達特茅斯會議上展示的「邏輯理論家」僅能證明出《數學原理》第二章的 38 條定理，而到了 1963

年，「邏輯理論家」已經能夠獨立證明本章的全部定理。1958 年，美籍華人王浩在 IBM704 電腦上用 3 ～ 5 分鐘的時間證明了《數學原理》中關於命題演算部分的全部 220 條定理。而就在這一年，IBM 公司還研製出了平面幾何的定理證明程式 [5]。1976 年，數學家凱尼斯・阿佩爾（Kenneth Appel）和沃夫岡・哈肯（Wolfgang Haken）借助電腦首次證明了四色問題，四色問題也終於成為四色定理，這是首個主要借助電腦證明的定理。四色定理（four color theorem 或 four color map theorem）是一個著名的數學定理：在平面上畫出一些鄰接的有限區域，那麼可以用四種顏色來替這些區域染色，使得每兩個鄰接區域染的顏色都不一樣。配合著電腦超強的窮舉和計算能力，阿佩爾等人把這個猜想證明了。

在機器學習領域，人工智慧也獲得了實質性的突破。1956 年，亞瑟・塞謬爾（Arthur Samuel）就編寫了一個程式下西洋棋，在 1959 年，該程式已經能夠戰勝它的設計者本人；1962 年，這個程式擊敗了一個西洋跳棋的美國州冠軍。關於這段經歷，在 3.1 節有詳細介紹。1956 年，奧利弗・塞爾弗里奇（Oliver Selfridge）研製出了首個字符辨識程式，開闢了模式辨識這一新的領域。1957 年，紐厄爾和賽門等開始研究一種不依賴於具體領域的「通用問題求解器」（general problem solver）。1963 年，詹姆斯・斯拉格（James Slagle）發表了符號積分程式 SAINT，輸入一個函數的表達式，該程式就能自動輸出這個函數的積分表達式。過了 4 年後，他們研製出了升級版 SIN，已可表現出專家水準。

與此同時，神經網路開始興起。巴洛（H. B. Barlow）、萊特溫（J. Y. Lettvin）、威澤爾（Wiesel）和休伯爾（Hubel）關於特徵檢測器及其理論的研究，開創了計算神經科學。美國神經學家弗蘭克・羅森布拉特（Frank Rosenblatt）提出了可以模擬人類感知能力的機器，並稱為「感知機」。基於麥卡洛克（McCulloch）和皮茨（Pitts）神經元模型的羅森布拉

特的感知機，既是人工神經網路研究的起始象徵，也與統計決策理論、霍夫變換（Hough transform）一起成為模式辨識和機器視覺的源頭。

杭士基的形式語法系統影響重大，不僅是電腦程式編譯和符號人工智慧的源頭，而且還推動心理學派生出計算心理學，令物理符號主義取代了起源於 20 世紀初的行為主義。

在其後一、二十年裡，這些分支分別自立門戶。符號人工智慧的發展規模最大，形成了知識表示、規則推理、啟發搜尋的基本體系。但是符號人工智慧的知識和規則的獲取首先需要透過人工，然後才是機器進行演繹，整個流程其實是編寫程式求解的「同宗兄弟」，因而有類似的局限。這一期間，人工神經網路的研究則受到符號人工智慧中某些大師的錯誤排擠，發展停滯。

在本節中，我們將回到人工智慧產生的年代，回到人工智慧的發源地──達特茅斯，看看這場僅有 10 人參與的會議是如何埋下了人工智慧的種子。我們將整理出早期人工智慧領域的人物關係，看看科學家們之間是如何透過合作與競爭迸發靈感。我們將介紹感知器模型，分析它為人工智慧領域帶來的興與衰。

2.1.3 一切源起於達特茅斯會議

現在一說起人工智慧的起源，公認是 1956 年的達特茅斯會議，殊不知還有個前戲。1955 年，美國西部電腦聯合大會（Western Joint Computer Conference）在洛杉磯召開，會中還舉辦了個小會：學習機討論會（Session on Learning Machine）。討論會的參加者中有兩個人參加了第二年的達特茅斯會議，他們是塞爾弗里奇和紐厄爾。塞爾弗里奇發表了一篇模式辨識的文章，而紐厄爾則探討了電腦下棋，他們分別代表兩派觀點。討論會的主持人是神經網路的鼻祖之一皮茨（Pitts），他最後總結時說：「（一派人）企圖模擬神經系統，而紐厄爾則企圖模擬心

智（mind）⋯⋯但殊途同歸。」皮茨眼可真毒，這預示了人工智慧隨後幾十年關於「結構與功能」兩個階級、兩條路線的爭鬥。

時間轉到 1955 年夏天，身為達特茅斯學院數學系助理教授的約翰·麥卡錫正在 IBM 公司做研究工作，他的老闆是 IBM 第一代通用機 701 的主設計師羅切斯特，二人興趣相投，決定第二年夏天在達特茅斯舉辦一場會議。麥卡錫為這次會議取名為人工智慧夏季研討會（Summer Research Project on Artificial Intelligence），也就是著名的達特茅斯會議。後世普遍認為人工智慧（Artificial Intelligence，AI）一詞於此首次提出，而達特茅斯也成了公認的人工智慧領域的誕生地。

兩人說動了夏農和身為哈佛初階研究員的明斯基一起向洛克菲勒基金會寫了個項目建議書，希望能夠得到資助。會議的提案 [1] 申明：

我們提議 1956 年夏天在新罕布夏州漢諾瓦市的達特茅斯大學展開一次由 10 個人為期兩個月的人工智慧研究。學習的每個方面或智慧的任何其他特徵原則上都可以被這樣精確的描述，以便能夠建造一臺機器來模擬它。該研究將基於這個推斷來進行，並嘗試著發現如何使機器使用語言，形成抽象與概念，求解多種現在注定由人來求解的問題，進而改進機器。我們認為：如果仔細挑選一組科學家對這些問題一起工作一個夏天，那麼對其中的一個或多個問題就能獲得意義重大的進展。

這是達特茅斯會議的主要參與人合影（見圖 2-3），從左至右依次為塞爾弗里奇、羅切斯特、紐厄爾、明斯基、赫伯特·賽門、麥卡

圖 2-3 達特茅斯會議主要參與人合影

錫、夏農。

1956 年 8 月 31 日，會議正式舉行。這次會議以大範圍的集思廣益為主，持續了一個月。會議的主要議題[12]如下（見圖 2-4）：

1 **Automatic Computers**

If a machine can do a job, then an automatic calculator can be programmed to simulate the machine. The speeds and memory capacities of present computers may be insufficient to simulate many of the higher functions of the human brain, but the major obstacle is not lack of machine capacity, but our inability to write programs taking full advantage of what we have.

2. **How Can a Computer be Programmed to Use a Language**

It may be speculated that a large part of human thought consists of manipulating words according to rules of reasoning and rules of conjecture. From this point of view, forming a generalization consists of admitting a new word and some rules whereby sentences containing it imply and are implied by others. This idea has never been very precisely formulated nor have examples been worked out.

3. **Neuron Nets**

How can a set of (hypothetical) neurons be arranged so as to form concepts. Considerable theoretical and experimental work has been done on this problem by Uttley, Rashevsky and his group, Farley and Clark, Pitts and McCulloch, Minsky, Rochester and Holland, and others. Partial results have been obtained but the problem needs more theoretical work.

4. **Theory of the Size of a Calculation**

If we are given a well-defined problem (one for which it is possible to test mechanically whether or not a proposed answer is a valid answer) one way of solving it is to try all possible answers in order. This method is inefficient, and to exclude it one must have some criterion for efficiency of calculation. Some consideration will show that to get a measure of the efficiency of a calculation it is necessary to have on hand a method of measuring the complexity of calculating devices which in turn can be done if one has a theory of the complexity of functions. Some partial results on this problem have been obtained by Shannon, and also by McCarthy.

5. **Self-Improvement**

Probably a truly intelligent machine will carry out activities which may best be described as self-improvement. Some schemes for doing this have been proposed and are worth further study. It seems likely that this question can be studied abstractly as well.

6. **Abstractions**

A number of types of "abstraction" can be distinctly defined and several others less distinctly. A direct attempt to classify these and to describe machine methods of forming abstractions from sensory and other data would seem worthwhile.

7. **Randomness and Creativity**

A fairly attractive and yet clearly incomplete conjecture is that the difference between creative thinking and unimaginative competent thinking lies in the injection of a some randomness. The randomness must be guided by intuition to be efficient. In other words, the educated guess or the hunch include controlled randomness in otherwise orderly thinking.

圖 2-4 達特茅斯會議議題英文稿

（1）自動電腦

（2）如何使用程式語言對電腦進行編寫程式

（3）神經網路

（4）計算規模理論

（5）自我改進

（6）抽象

（7）隨機性與創造性

　　達特茅斯會議提出了人工智慧領域的研究與思考方向，引起了電腦學界的廣泛關注，宣布了「人工智慧」這一新興學科的誕生。會議的參與者也都在日後成為人工智慧領域的關鍵人物，並且做出了突出貢獻。

2.1.4 人物合作網路（一）

　　這次會議一共有 10 個主要的參與者（見圖 2-5），主要發起人之一和參與者是約翰・麥卡錫（1927 年 9 月 4 日至 2011 年 10 月 24 日），於 1948 年獲得加州理工學院數學學士學位，1951 年獲得普林斯頓大學數

1956 Dartmouth Conference: The Founding Fathers of AI

 John MacCarthy
 Marvin Minsky
 Claude Shannon
 Ray Solomonoff
 Alan Newell
 Herbert Simon
 Arthur Samuel
 Oliver Selfridge
 Nathaniel Rochester
 Trenchard More

Founding fathers of AI. Courtesy of scienceabc.com

圖 2-5 達特茅斯會議主要參加者（10 人）

學博士學位。麥卡錫任職於達特茅斯學院期間發起了達特茅斯會議。後於 1962 年至 2000 年底在史丹佛大學擔任教授，退休後成為名譽教授，1971 年圖靈獎獲得者，LISP 語言發明者。他的老師是失去雙手的代數拓撲學家萊夫謝茨（Lefschetz）。但麥卡錫對邏輯和計算理論一直有著強烈興趣，他 1948 年本科畢業於加州理工學院，在學校主辦的 Hixon 會議上聽到馮紐曼關於細胞自動機的講座，後來剛到普林斯頓大學讀研究所時就結識了馮紐曼，在馮紐曼的影響下開始對在電腦上模擬智慧產生興趣。

馬文‧明斯基（1927 年 8 月 9 日至 2016 年 1 月 24 日），生於美國紐約州紐約市，1950 年於哈佛大學獲得數學學士學位，1954 年於普林斯頓大學獲得數學博士學位。他的專長在認知科學與人工智慧領域，是麻省理工學院人工智慧實驗室的創始人之一，著有幾部人工智慧和哲學方面的作品，還培養過好幾個計算理論的博士，其中就有圖靈獎獲得者布盧姆（Manuel Blum）。明斯基的理論情結和邱奇（Alonzo Church，1903 年 6 月 14 日至 1995 年 8 月 11 日）關係也不大，他的老師塔克（Albert Tucker）是萊夫謝茨的學生，主要做非線性規畫和博弈論，多年來擔任普林斯頓大學數學系主任，出身數學世家，兒子、孫子也都是數學家。按輩分論，麥卡錫還是明斯基的師叔。塔克的另一名出色的學生後來得了諾貝爾經濟學獎，他就是電影《美麗境界》的納許（John Nash）。納許比明斯基小一歲，但比他早 4 年拿到博士學位，也算是明斯基的師兄了。明斯基的博士論文是關於神經網路的，他在麻省理工學院 150 週年紀念會議上回憶說是馮紐曼和沃倫‧麥卡洛克（Warren McCulloch）啟發他做了神經網路。

明斯基與麥卡錫同齡，還是普林斯頓大學的校友。1958 年，麥卡錫和明斯基先後轉到麻省理工學院工作，他們共同創建了 MAC 項目，這個項目後來演化為麻省理工學院人工智慧實驗室（MIT 電腦科學與人工

智慧實驗室的前身），這是世界上第一個人工智慧實驗室，為人工智慧行業培養了無數的菁英人才。兩人分別於 1969 年（明斯基）和 1971 年（麥卡錫）獲得圖靈獎，兩人都曾被稱為「人工智慧之父」。

艾倫·紐厄爾（1927 年 3 月 19 日至 1992 年 7 月 19 日）是電腦科學和認知資訊學領域的科學家，曾在蘭德公司，卡內基美隆大學的電腦學院、泰珀商學院和心理學系任職或研究。紐厄爾是麥卡錫和明斯基的同齡人，他碩士也是在普林斯頓數學系就讀，按說普林斯頓數學系很小，他們應有機會碰面，但那時紐厄爾和他倆還真不認識。他們的第一次見面，紐厄爾回憶是在 IBM 公司，而麥卡錫回憶是在蘭德公司，紐厄爾碩士導師就是馮紐曼的合作者、博弈論先驅莫根施特恩，紐厄爾碩士畢業就遷往西部加入著名智庫蘭德公司。

赫伯特·賽門（1916 年 6 月 15 日至 2001 年 2 月 9 日），漢名為司馬賀，美國著名學者，電腦科學家和心理學家，研究領域涉及認知心理學、電腦科學、公共行政、經濟學、管理學和科學哲學等多個方向。他是 1975 年圖靈獎獲得者，1978 年諾貝爾經濟學獎獲得者。賽門對電腦下棋始終十分關切。1997 年，IBM 的「深藍」（Deep Blue）電腦打敗了俄羅斯的西洋棋特級大師卡斯帕洛夫以後，賽門（時年 81 歲）還和在克里夫蘭的俄亥俄州立大學當教授的日本知名人工智慧專家 T. Munakata 一起，在《ACM 通信》雜誌的 8 月刊上發表了〈人工智慧給我們的教訓〉（*AI Lessons*）一文，就此事進行了評論，發表了看法。

賽門比他們三人（紐厄爾、麥卡錫和明斯基）都大 11 歲，那時（36 歲）是卡內基理工學院（卡內基美隆大學的前身）工業管理系的年輕系主任，他在蘭德公司學術休假時認識了紐厄爾。賽門後來把紐厄爾力邀到卡內基美隆大學，並發了個博士學位給紐厄爾，開始了他們終生的合作。他們兩人在達特茅斯會議上介紹了一個程式「邏輯理論家」。這個程式可以證明伯特蘭·羅素和阿爾弗雷德·諾斯·懷海德（Alfred

North Whitehead）合著的《數學原理》中命題邏輯部分的一個很大子集，被許多人認為是第一款可工作的人工智慧程式。雖然賽門是紐厄爾的老師，但是他們的合作卻是平等的。合作的文章署名，通常是按照字母順序，紐厄爾在前，賽門在後。賽門和紐厄爾雙劍合璧，創建了人工智慧的重要流派：符號學派。1957 年，他們合作開發了 IPL 語言，這是在人工智慧的歷史上最早的一種人工智慧程式設計語言，其基本元素是符號，並首次引進表處理方法。1966 年，賽門、紐厄爾和貝勒（Baylor）合作，開發了最早的下棋程式之一 MATER。1975 年，賽門和艾倫·紐厄爾共同獲得電腦界的最高獎──圖靈獎（A. M. Turing Award）。

　　塞爾弗里奇，被稱為機器感知之父。被後人提及不多，但他真是人工智慧學科的先驅，他在 MIT 時一直和神經網路的開創人之一沃倫·麥卡洛克一起在維納手下工作，他是維納最喜歡的學生，但沒讀完博士，維納《控制論》一書的第一個讀者就是塞爾弗里奇。塞爾弗里奇是模式辨識的奠基人，他也參與完成了第一個可工作的人工智慧程式。紐厄爾在蘭德公司開會時認識了塞爾弗里奇，並受到塞爾弗里奇做的神經網路和模式辨識的工作的啟發，但方法論卻完全走的是另一條路。

　　克勞德·夏農（1916 年 4 月 30 日至 2001 年 2 月 24 日），美國數學家、電子工程師和密碼學家，被譽為資訊論的創始人。1948 年，夏農發表了劃時代的論文──〈通訊的數學原理〉，奠定了現代資訊論的基礎。不僅如此，夏農還被認為是數位電腦理論和數位電路設計理論的創始人。他在麻省理工學院的碩士論文中提出，將布爾代數應用於電子領域，能夠建構並解決任何邏輯和數值關係，被譽為有史以來最具水準的碩士論文之一。麻省理工學院博士畢業後，夏農去了普林斯頓高等研究院，曾和愛因斯坦、哥德爾、外爾（Weyl）等共事。二戰期間，夏農為軍事領域的密碼分析──密碼破譯和保密通訊做出了很大貢獻。夏農比其他幾位年長 10 歲左右，當時已是貝爾實驗室的資深學者。考慮到他當

時的社會影響力，被麥卡錫邀請參加了達特茅斯會議。其實麥卡錫和夏農的觀點並不一致，平日相處也不和睦。

羅切斯特，IBM 公司資訊研究經理，IBM 第一代通用機 701 的主設計師，達特茅斯會議的主要發起人之一。當時身為達特茅斯學院數學系助理教授的約翰‧麥卡錫正在 IBM 公司做研究工作，羅切斯特是他的老闆。

索羅門諾夫（Ray Solomonoff，1926 年 7 月 25 日至 2009 年 12 月 7 日），會議的 10 個參加人之一，是演算法機率、通用歸納推理的發明者，是演算法資訊理論的創始人，並創建了基於機器學習、預測和機率的人工智慧分支。和其他人不同，索羅門諾夫在達特茅斯學院待了整整一個暑假。他 1951 年在芝加哥大學獲得物理碩士學位後就來到了麻省理工學院。在芝加哥對他影響最大的是哲學家卡爾納普（Carnap）。有意思的是，神經網路的奠基者之一皮茨也受惠於卡爾納普。賽門的回憶錄裡也講到他在芝加哥時聽卡爾納普的課受到啟蒙才開始了解邏輯學，從而對與智慧相關的問題感興趣。這麼說來，人工智慧的兩大派：邏輯和神經網路都起源於卡爾納普。卡爾納普當時的興趣是歸納推理，這也成為索羅門諾夫畢生的研究方向。索羅門諾夫後來結識了明斯基和麥卡錫，在他們的影響下開始研究邏輯和圖靈機。達特茅斯會議時，他受麥卡錫「反向圖靈機」和杭士基文法的啟發，發明了「歸納推理機」。他的工作後來被蘇聯數學家科摩哥洛夫（Kolmogorov）重新獨立發明了一遍，即「科摩哥洛夫複雜性」和「演算法資訊論」（加拿大滑鐵盧大學教授李明是這個領域的著名專家，曾有專著）。科摩哥洛夫 1968 年開始引用索羅門諾夫的文章，使得後者在蘇聯的名聲比在西方更加響亮。索羅門諾夫的另一個觀點「無限點」後來被未來學家庫茲維爾（Kurzweil）改名「奇點」。目前人工智慧中廣泛用到的貝葉斯推理也可以見到索羅門諾夫的開創性痕跡。

　　摩爾（Trenchard More）是一位數學家和電腦科學家，在麻省理工學院和耶魯大學任教後，在 IBM 的 Thomas J Watson 研究中心工作。他還在丹麥技術大學擔任過兩年的正教授。他當時作為達特茅斯學院的教授，參加了 1956 年達特茅斯人工智慧夏季研究項目。在與馬文・明斯基，傑佛瑞・辛頓舉行的達特茅斯會議第 50 次會議上，他介紹了網路模型的未來，並發表了題為〈高峰會之路〉的演講。

　　亞瑟・塞謬爾（1901 年 12 月 5 日至 1990 年 7 月 29 日）是美國電腦遊戲和人工智慧領域的先驅。他在 1959 年創造了「機器學習」這個術語。Samuel Checkers 是世界上第一個成功的機器自我學習成果，也是人工智慧基本概念的早期重要示範。

　　這裡整理了達特茅斯會議的四位主要發起人的科學研究關係網（見圖 2-6），大師們之間的頻繁合作促使了人工智慧領域蓬勃發展，可謂是「群星閃耀」的時代。

　　這裡不得不提符號學派的代表人物馬文・明斯基和連接學派羅森

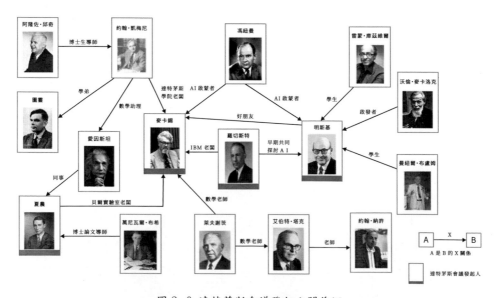

圖 2-6 達特茅斯會議發起人關係網

布拉特之間的關係。馬文・明斯基是人工神經網路的早期奠基人之一，還是感知機發明者羅森布拉特的高中學長，具有諷刺意味的是，他在著作《感知機：計算幾何導論》[28]（*Perceptrons：an introduction to computational geometry*），以下簡稱《感知機》，宣判了它的死刑，裡面竟然直白的寫道「羅森布拉特的論文沒有多少科學價值」[15]。他在《感知機》書中對「異或難題」的討論打消了大多數研究者繼續支持人工神經網路研究的心思，成了人工神經網路陷入停滯的始作俑者。

2.1.5 成也蕭何敗也蕭何——感知器模型

美國神經學家弗蘭克・羅森布拉特提出了可以模擬人類感知能力的機器，稱為「感知機」。1957 年，在 Cornell 航空實驗室中，他成功在 IBM 704 機上完成了感知機的仿真。首個關於感知機的成果由羅森布拉特於 1958 年發表在 *The Perceptron：A Probabilistic Model for Information Storage and Organization in the Brain*[2] 的文章裡。1960 年，他又基於感知機成功實現了能夠辨識一些英文字母的神經形態電腦—— Mark Ⅰ，並於 1960 年 6 月 23 日展示於眾。英語國家的人們喜歡將他們某項重要發明稱之為 Mark I 型。如鋼鐵人東尼・史塔克創造的第一個裝甲就命名為 Mark Ⅰ。1962 年，他又出版了 *Principles of Neurodynamics：Perceptrons and the theory of brain mechanisms*[3] 一書，向大眾深入解釋感知機的理論知識及背景假設。該書介紹了一些重要的概念及定理證明，如感知機收斂定理。

為了「教導」感知機辨識圖像，羅森布拉特在 Hebb 學習法則的基礎上，發展了一種疊代、試錯、類似於人類學習過程的學習演算法——感知機學習。除了能夠辨識出現次數較多的字母，感知機也能對不同書寫方式的字母圖像進行概括和歸納。但是，由於本身的局限，感知機除了那些包含在訓練集裡的圖像以外，不能對受干擾（半遮蔽、不同大

小、平移、旋轉）的字母圖像進行可靠的辨識。

感知機模型是一種線性分類模型，主要是為了解決二分類問題的。它把一個實數值向量 x 映射到輸出值 $f(x)$ 上（$f(x)$ 只有 0 和 1 兩個取值（見圖 2-7）。

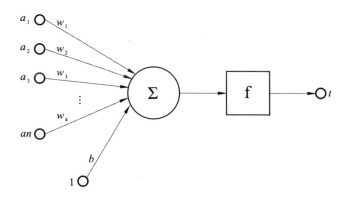

圖 2-7 感知機示意圖

感知機的輸入是向量，輸出是標量。在圖 2-7 中，a_1 至 a_n 是輸入向量的各個分量，w_1 至 w_n 是輸入向量各個分量連接到感知機的權重，b 為偏置量，偏置量在這裡也可以看作輸入為 1，權重為 b。f 為啟動函數，t 為輸出量。因此，輸出量的表達式為

$$t = f\left(\sum_{i=1}^{n} a_i w_i + b\right)$$

其中，f 為一個符號函數，即當 f 的輸入為大於或等於 0 時，輸出為 +1，否則為 -1。

$$f(x) = \begin{cases} +1, & n \geq 0 \\ -1, & 其他 \end{cases}$$

由於輸入直接經過權重關係轉換為輸出，所以感知器可以被視為最簡單形式的前饋式人工神經網路。

接下來，我們介紹感知機模型的損失函數。損失函數（loss function）或代價函數（cost function）是將隨機事件或其相關隨機變量的取值映射為非負實數以表示該隨機事件的「風險」或「損失」的函數。感知機的學習目的是求得一個能將訓練集正實例點和負實例點完全分開的分離超平面。為了找到這樣一個平面（或超平面），即確定感知機模型參數 w 和 b，我們採用的是損失函數，同時將損失函數極小化。因此我們可以把損失函數定義為誤分類點到當前超平面的距離的和。輸入空間 R_n 中任一點 x_0 到超平面 S 的距離為

$$\frac{1}{\|w\|} | w \cdot x_0 + b |$$

其中，$\|w\|$ 是 w 的 L_2 範數。

對於誤分類的資料 (x_i, y_i) 來說，$-y_i(w \cdot x+b)$ 成立。因為當 $w \cdot x_i+b>0$ 時，$y_i=-1$，而當 $w \cdot x_i+b<0$ 時，$y_i=+1$，因此，誤分類點 x_i 到超平面 S 的距離是

$$\frac{1}{\|w\|} y_i | w \cdot x_i + b |$$

這樣，假設超平面 S 的誤分類點集合為 M，那麼所有誤分類點到超平面 S 的總距離為

$$\frac{1}{\|w\|} \sum_{x_i \in M} y_i (w \cdot x_i + b)$$

不考慮 $\frac{1}{\|w\|}$，就得到感知機學習的損失函數。

$$L(w,b) = -\sum_{x_i \in M} y_i (w \cdot x_0 + b)$$

顯然，損失函數是非負的。如果沒有誤分類點，損失函數值是 0；

誤分類點越少，誤分類點距離超平面越近，損失函數值越小。同時，損失函數 $L(w,b)$ 是連續可導函數。

感知機模型必須要經過一定的學習演算法才能學習到正確的權重和偏置。感知機學習演算法本身是誤分類驅動的，因此我們採用隨機梯度下降法。首先，任選一個超平面 w_0 和 b_0，然後使用梯度下降法不斷的極小化目標損失函數。極小化過程不是一次使 M 中所有誤分類點的梯度下降，而是一次隨機的選擇一個誤分類點使其梯度下降。假設誤分類點集合 M 是固定的，那麼損失函數 $L(w,b)$ 的梯度透過偏導計算：

$$\frac{\partial L(w,b)}{\partial w} = -\sum_{x_i \in M} y_i x_i$$

$$\frac{\partial L(w,b)}{\partial b} = -\sum_{x_i \in M} y_i$$

然後，隨機選擇一個誤分類點，進行參數更新：

$$w = w + \alpha y_i x_i$$

$$b = b + \alpha y_i$$

其中，α 是步長，大於 0 小於 1，在統計學習中稱為學習率（learning rate）。這樣，透過疊代可以期待損失函數 $L(w,b)$ 不斷減小，直至為 $0^{[4]}$。

所謂成也蕭何敗也蕭何，感知機有著致命的缺陷，即它不能解決線性不可分問題（見圖 2-8 ～圖 2-11）。下面展示了使用感知機分割幾個邏輯函數的結果。在圖中，圓形代表 0，三角形代表 1。可以看到，對於與函數、與非函數、或函數這樣的線性可分函數，使用感知機都能找到恰當的分割線。而對於異或函數這樣的線性不可分問題，感知機無法解決（見圖 2-11）。幾條虛線表示感知機算法得到的錯誤結果。

雖然感知機最初被認為有著良好的發展潛能，但最終被證明不能處理諸多的模式辨識問題。1969 年，馬文‧明斯基和西摩爾‧派普特在

《感知機》書中，仔細分析了以感知機為代表的單層神經網路系統的功能及局限性，證明感知機不能解決簡單的異或（XOR）等線性不可分問題，而羅森布拉特的預言過於誇張。所謂 XOR 問題就是將輸入的兩個二進制串按照每一個位進行比較，相同的位就輸入 1，否則輸出 0。例如，輸入的兩個二進制串是 1001 和 0111，則 XOR 就會輸出 0001。顯然，

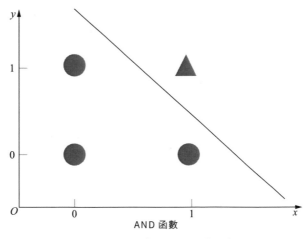

圖 2-8　使用感知機分割與函數

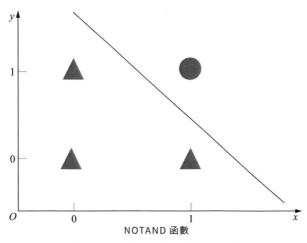

圖 2-9　使用感知機分割與非函數

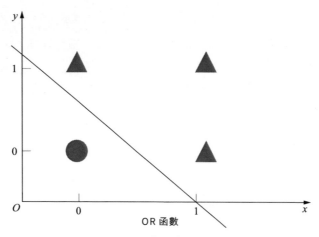

圖 2-10 使用感知機分割或函數

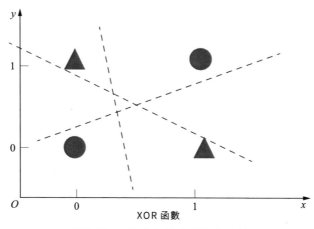

圖 2-11 使用感知機分割異或函數

XOR 問題是一個基礎、簡單的問題。然而把 1001 及 0111 輸入給感知機神經網路，無論如何變換參數，如何訓練，它都不能輸出正確的答案。由於羅森布拉特等人沒能夠及時推廣感知機學習演算法到多層神經網路上，又由於《感知機》在研究領域中的重大影響，及人們對書中論點的誤解，造成了人工神經領域發展的長年停滯及低潮。

2.1.6 應用瓶頸（一）

在人工智慧第一次浪潮之初，面對人工智慧領域如此多的成就，就連那些最理性的人工智慧科學家也對於人工智慧的未來盲目樂觀起來。1958 年，紐厄爾和賽門就自信滿滿的說，不出 10 年，電腦將會成為西洋棋冠軍，證明重要的數學定理，譜出優美的音樂。照這樣的速度發展下去，2000 年，人工智慧就真的可以超過人類了。

然而，到了 1970 年代，人工智慧研究人員發現自己先前對於人工智慧課題的難度沒有做出正確估計，而面對過高的期望，無法實現預期的結果就意味著研究資金的縮減。越來越多的不利證據迫使政府和大學削減了人工智慧的項目經費，這使得人工智慧進入了寒冷的冬天。這是人工智慧領域的第一次低谷。

1965 年，人工智慧在機器定理證明領域遭遇了失敗，電腦推了數十萬步也無法證明兩個連續函數之和仍然是連續函數。塞謬爾的跳棋程式仍然停留在州冠軍水準，棋力無法進一步提升。更糟糕的事情發生在機器翻譯領域，儘管讓機器能夠理解人類的自然語言本身就是一件很難的事情，但是電腦在自然語言處理上的表現之糟糕仍然出乎研究者的意料。一個最典型的例子就是 1.2.5 節曾經提到過的這個著名的英語句子：

The spirit is willing but the flesh is weak.（心有餘而力不足。）

可是當電腦把這句話翻譯成俄語再翻譯回英語以驗證效果時，得到的結果卻是：

The wine is good but the meet is spoiled.（酒是好的，肉變質了。）

這樣大相逕庭的結果不禁讓人詫異。有人挖苦道，美國政府花了 2,000 萬美元為機器翻譯挖掘了一座墳墓。

紐厄爾和賽門的預言一個也沒有實現，就連他們本人也不得不承認

這點。賽門於 1988 年 12 月出席在東京舉行的「第二次第五代電腦系統的國際會議」，他在會上做的報告中有一段耐人尋味的話：

「從一開始，人工智慧和認知科學工作者就因過分的樂觀而受人指責。我希望我們已為某些樂觀而感到內疚了，而且對於一個經歷了 30 多年才走到今天的一個領域來說，我也不認為這種指責和內疚是過分的。」[6]

那麼是什麼原因導致了紐厄爾和賽門的預言沒有實現，阻礙了人工智慧的發展呢？我們就人工智慧的幾個研究方向分別分析一下。

在人機博弈領域，儘管電腦在西洋跳棋和西洋棋上已經顯示出一定的水準，然而面對更加實際的博弈問題，電腦總是顯得束手無策。這主要表現在以下兩個方面。

第一，組合爆炸問題。人工智慧領域常用博弈樹來對博弈的狀態空間進行表示，對於幾種常見的棋類，西洋跳棋的狀態空間為 10^{40}，國際象棋為 10^{120}，而圍棋則達到了驚人的 10^{700}。這麼大的狀態空間對於當時的電腦是無法處理的。

第二，在棋類遊戲的二人對弈中，棋局公開，走步的規則明確，而現實問題中多人博弈、隨機性的特性對於當時的電腦是難以模擬實現的 [6]。

在機器翻譯領域，面臨的最大問題是 1964 年語言學家黑列爾（Hillel）所說的構成句子的單字和歧義性問題。歧義性指的是同一個句子在不同的場合使用，其含義也常常不同。因此，要想消除歧義性，就要了解原文中的每一個句子及其上下文，並理解導致歧義的詞和詞組在上下文中的準確意義。然而電腦卻往往孤立的將句子作為理解單位。另外，即使對原文有了一定的理解，理解的意義如何有效的在電腦裡表示出來也存在問題 [6]。

整體來說，這次低谷主要有以下兩個方面的原因。

第一，電腦運算能力的限制。受電腦記憶體和運算能力的限制，當時人工智慧領域的研究成果不足以解決任何實際問題。

第二，實際問題的複雜性。面對複雜的實際問題，很多人工智慧系統一直停留在展示和娛樂階段。

2.2 人工神經網路時代（1976-2006 年）

2.2.1 本時期重大研究成果和亮點 （二）

經歷了第一次人工智慧低谷後，人工智慧研究者們開始痛定思痛。

愛德華‧費根鮑姆作為新生力量的佼佼者，高舉「知識就是力量」的大旗，為人工智慧的振興鋪墊了道路。費根鮑姆認為，之前的人工智慧研究之所以遭遇了失敗，就是因為研究者們過於強調求解方法的通用性，而忽略了知識的重要性。因此，人工智慧領域必須引入知識。於是，在費根鮑姆的帶領下，一個新的領域——專家系統誕生了。所謂專家系統，就是一類具有專門知識和經驗的電腦智慧程式系統。一般來說，專家系統＝知識庫＋推理機，因此專家系統也被稱為基於知識的系統。第一個成功的專家系統 DENDRAL 於 1968 年問世，它可以根據質譜儀的資料推知物質的分子結構。最具代表性的是蕭特立夫（Shortliffe）等人開發的用於醫療診斷的 MYCIN 系統和 DEC 公司與卡內基美隆大學合作開發的用於產品配置的 XCON-R1 專家系統，後者每年為 DEC 公司節省數百萬美元成本。在 1977 年的第五屆國際人工智慧大會上，費根鮑姆用知識工程概括了這個全新的領域。在知識工程的刺激下，日本的第五代電腦計畫、英國的阿爾維計畫、西歐的尤里卡計畫、美國的星計畫陸續推出。

然而好景不長，在專家系統、知識工程獲得大量的實踐經驗之後，知識獲取的弊端開始逐漸顯現出來。1975 年，馬文‧明斯基提出的「異或難題」被理論界徹底解決，連接學派開始興起，人工智慧發生了重大

轉變。自 1980 年代到 1990 年代，人工智慧界分化為 3 個不同的學派，即符號學派、連接學派和行為學派，形成了三足鼎立的局面。

這一時期最為著名的人工智慧突破就是西洋棋領域的「人機大戰」。

實際上，早在 1958 年，人工智慧的創始人之一賽門就曾有過樂觀的預言，電腦將會在十年之內打敗人類西洋棋冠軍。然而，正如我們提到過的，當時的人工智慧研究者們對於人工智慧進展的估計有些盲目樂觀，因此，這個預言遲到了 40 年才實現。

1988 年，IBM 公司開始研發能夠下西洋棋的人工智慧程式，代號為「深思」。到了 1991 年，「深思 II」的棋力已經能夠戰平澳洲西洋棋冠軍達瑞爾·約翰森（Darryl Johansen）。1996 年，「深思」的升級版「深藍」向著名的人類西洋棋冠軍加里·卡斯帕洛夫發起挑戰，卻以 2：4 敗下陣來。但是 1997 年 5 月 11 日，「深藍」以 3.5：2.5 的成績戰勝了卡斯帕洛夫，成了人工智慧的一個里程碑。這段歷史在 3.2 節詳細介紹。

本節我們將進入人工智慧的第二個時期：人工神經網路時代。我們將一覽人工神經網路時代下的各位領軍人物的風采，重點介紹神經網路的基礎算法——反向傳播演算法、支援向量機與第五代電腦計畫。

2.2.2 人物合作網路（二）

人工智慧的第二波浪潮是符號學派、連接學派和行動學派三足鼎立，但核心是連接主義的發展。

符號學派的代表人物是人工智慧的創始人之一——約翰·麥卡錫。麥卡錫特別強調了人工智慧的研究並不需要局限於真實的生物智慧行為。紐厄爾和賽門將符號學派的觀點概括為「物理符號系統假說」。物理符號系統假說認為一個物理符號系統的符號操作功能主要是輸入符號、輸出符號、儲存符號、複製符號和建立符號結構，即確定符號之間

的關係；條件性遷移，就是依賴已經掌握的符號繼續完成行為。按照這一假設，一個系統如果能表現出智慧的話，就一定能執行上述功能；如果一個系統具有這些功能，那麼它一定具有智慧。這個假說也正是「符號學派」命名的依據。

行為學派的關注點是大自然中的低等生物。即使是低等的昆蟲也具有非凡的智慧。牠們可以覓食、行走，還能躲避捕食者的攻擊。受到自然界低等生物的啟發，行為學派的科學家主張從簡單的昆蟲來理解智慧。

首先，行為學派模仿智慧體的身體。行為學派中一個非常成功的應用就是美國波士頓動力公司研發的「大狗」機器人。它能自如的應對複雜的地形，還能聰明的避開障礙物，看起來與自然界中的智慧體一模一樣。

其次，行為學派還模仿生物的進化行為。約翰·霍蘭（John Holland）是美國密西根大學的心理學、電子工程以及電腦的三科教授，他在讀博期間就對如何用電腦仿真生物進化異常著迷，並最終發表了著名的遺傳演算法。遺傳演算法將大自然中的生物進化過程進行了抽象，用一系列二進制串來模擬自然界中的生物體，大自然的選擇作用被抽象為適應度函數。這樣一來，從生物進化過程中得到的啟發，就可以被用來解決實際問題了。

連接學派主張高階的智慧行為會從大量神經網路的連接中自發出現。連接學派經過感知機模型帶來的短暫火熱後一直風平浪靜。直到1974 年人工智慧連接學派的救世主傑佛瑞·辛頓提出多層神經網路並用反向傳播演算法訓練，連接學派又名聲大噪。

1972 年，芬蘭的 T. Kohone 教授，提出了自組織神經網路 SOM（selforganizing feature map）。[7]

1974 年，Paul Werbos 在哈佛大學攻讀博士學位期間，就在其博士

論文中發明了影響深遠的、著名的 BP 神經網路學習演算法，但沒有引起重視。

1976 年，美國 Grossberg 教授提出了著名的自適應共振理論 ART（adaptive resonance theory），其學習過程具有自組織和自穩定的特徵。

1982 年，David Parker 重新發現了 BP 神經網路學習演算法。美國加州理工學院的優秀物理學家約翰・霍普菲爾德（John Hopfield）提出了 Hopfield 神經網路，正式開啟了人工神經網路學科的新時代。Hopfield 神經網路引用了物理力學的分析方法，把網路作為一種動態系統並研究這種網路動態系統的穩定性 [8]。霍普菲爾德的文章發表了之後，重新打開了人們的思路，吸引了很多非線性電路科學家、物理學家和生物學家來研究神經網路。

1985 年，辛頓和 Sejnowski 借助統計物理學的概念和方法提出了一種隨機神經網路模型——玻爾茲曼機 [9]。一年後他們又改進了模型，提出了受限玻爾茲曼機 [10]。

1986 年，Rumelhart、Hinton、Williams 發展了 BP 演算法（多層感知器的反向傳播演算法）[12]。到今天為止，這種多層感知器的反向傳播演算法還是應用非常普遍的演算法。

1987 年 6 月，首屆國際神經網路學術會議在美國加州聖地牙哥召開，到會代表有 1,600 餘人。之後，國際神經網路學會和國際電氣工程師與電子工程師學會（IEEE）聯合召開每年一次的國際學術會議。

1989 年，一系列文章對 BP 神經網路的非線性函數逼近性能進行了分析，並證明對於具有單隱層，傳遞函數為 sigmoid 的連續型前饋神經網路可以以任意精度逼近任意複雜的連續映射。這樣，BP 神經網路憑藉能夠保證對複雜函數連續映射關係的刻劃能力（只要引入隱層神經元的個數足夠多），打開了馬文・明斯基和西摩爾・派普特早已關閉的研究

大門。

1997 年，Sepp Hochreiter 和 Jurgen Schmidhuber 首先提出長短期記憶（LSTM）模型，這為後來深度學習中的遞歸神經網路（RNN）奠定了基礎 [11]。

統計學習理論是一種專門研究小樣本情況下機器學習規律的理論。Vapnik V.N. 等人從 1960、1970 年代開始致力於此方面研究。朱迪亞‧珀爾（Judea Pearl）成功的將貝葉斯思想的精髓引入到人工智慧領域來處理機率知識。托馬斯‧貝葉斯是 18 世紀著名的數學家，曾是對機率論與統計的早期發展有重大影響的兩位人物，另一位是布萊斯‧帕斯卡（Blaise Pascal）之一。隱馬爾可夫模型（Hidden Markov Model）——貝葉斯網路中的一種形式，是一種特殊的貝葉斯網路，具有時序概念並能按照事情發生的順序建模，創立於 1970 年代。1980 年，傑克‧弗格森（Jack Ferguson）發表的《藍皮書》在語音處理領域普及了隱馬爾可夫模型的統計方法的應用。隨後得到了傳播和發展，成為信號處理的一個重要方向，現已成功的用於語音辨識、行為辨識、文字辨識以及故障診斷等領域。烏爾夫‧格雷南德（Ulf Grenander）的「通用模式論」為辨識資料集中的隱藏變量提供了數學工具。後來他的學生戴維‧芒福德（David Mumford）透過研究視覺大腦皮層，提出了基於貝葉斯推理的模組層次結構，並應用於建立大腦工作模型 [29]。

到 1990 年代中期，隨著其理論的不斷發展和成熟，也由於神經網路等學習方法在理論上缺乏實質性進展，統計學習理論開始受到越來越廣泛的重視。同時，在這一理論基礎上發展了一種新的通用學習方法——支援向量機（SVM），它已初步表現出很多優於已有方法的性能。1995 年，辛頓基於芒福德和格雷南德的理論，用一種無監督學習演算法發現一組資料中的隱藏結構，發明了 Helmholtz 機。後來，卡內基美隆大學的李帶生（Tai-Sing Lee）進一步細化了分層貝葉斯框架。這些研究也為

後來 Numenta 建立的廣為人知的「分層式即時記憶」模型提供了理論基礎。

2.2.3 反向傳播演算法

1958 年，弗蘭克 · 羅森布拉特提出了感知機。這是一種模式辨識演算法，用簡單的加減法實現了兩層的電腦學習網路。羅森布拉特也用數學符號描述了基本感知機裡沒有的迴路，如異或迴路。這種迴路一直無法被神經網路處理，直到 Paul Werbos（1974 年）創造了反向傳播演算法。

反向傳播（backpropagation，BP）是「誤差反向傳播」的簡稱，是一種與最佳化方法（如梯度下降法）結合使用的，用來訓練人工神經網路的常見方法。該方法對網路中所有權重計算損失函數的梯度。這個梯度會反饋給最佳化方法，用來更新權值以最小化損失函數。

反向傳播要求要有對每個輸入值想得到的已知輸出，來計算損失函數梯度。因此，它通常被認為是一種監督式學習方法，雖然它也用在一些無監督網路（如自動編碼器）中。它是多層前饋網路的 Delta 規則的推廣，可以用鏈式法則對每層疊代計算梯度。反向傳播要求人工神經元（或「節點」）的激勵函數可微。

反向傳播演算法（BP 演算法）主要由兩個階段組成：激勵傳播與權重更新。

第 1 階段：激勵傳播

每次疊代中的傳播環節包含兩步：

前向傳播階段將訓練輸入送入網路以獲得激勵響應。

反向傳播階段將激勵響應與訓練輸入對應的目標輸出求差，從而獲得輸出層和隱藏層的響應誤差。

第 2 階段：權重更新

對於每個突觸上的權重，按照以下步驟進行更新：

將輸入激勵和響應誤差相乘，從而獲得權重的梯度。

將這個梯度乘上一個比例並取反後加到權重上。

這個比例（百分比）將會影響到訓練過程的速度和效果，因此稱為「訓練因子」。梯度的方向指明了誤差擴大的方向，因此在更新權重的時候需要對其取反，從而減小權重引起的誤差。

第 1 和第 2 階段可以反覆循環疊代，直到網路對輸入的響應達到滿意的預定的目標範圍為止。

反向傳播演算法的思想比較容易理解，下面我們用一個例子說明反向傳播演算法的工作流程。

我們以一個具有兩個輸入、一個輸出、兩個隱含層的神經網路為例來說明反向傳播演算法（見圖 2-12）。

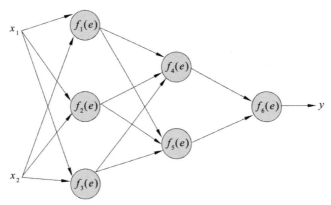

圖 2-12 具有兩個輸入、一個輸出和兩個隱含層的神經網路

首先，輸入信號向前傳播，得到輸出信號（見圖 2-13）。輸入信號 x_1 和 x_2 經過權重 $w(x_1)1$ 和 $w(x_2)1$ 傳向隱含層 1 的第一個神經元，得到隱含層信號 y_1。

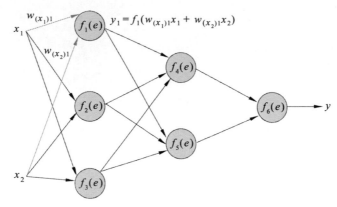

圖 2-13 輸入信號向隱含層 1 的第一個神經元傳遞

輸入信號 x_1 和 x_2 經過權重 $w(x_1)_2$ 和 $w(x_2)_2$ 傳向隱含層 1 的第二個神經元，得到隱含層信號 y_2（見圖 2-14）。

輸入信號 x_1 和 x_2 經過權重 $w(x_1)_3$ 和 $w(x_2)_3$ 傳向隱含層 1 的第三個神經元，得到隱含層信號 y_3（見圖 2-15）。

隱含層 1 信號 y_1、y_2、y_3 經過權重 w_{14}、w_{24} 和 w_{34} 向隱含層 2 的第一個神經元傳遞，得到 y_4（見圖 2-16）。

隱含層 1 信號 y_1、y_2、y_3 經過權重 w_{15}、w_{25} 和 w_{35} 向隱含層 2 的第二個神經元傳遞，得到 y_5（見圖 2-17）。

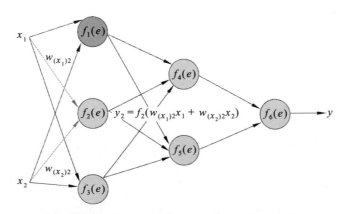

圖 2-14 輸入信號向隱含層 1 的第二個神經元傳遞

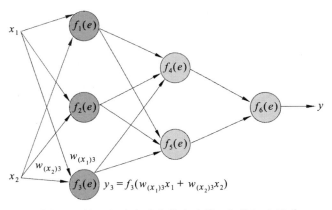

圖 2-15 輸入信號向隱含層 1 的第三個神經元傳遞

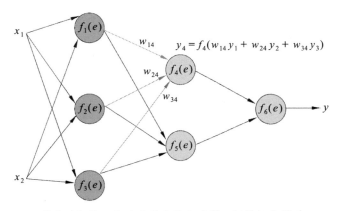

圖 2-16 輸入信號向隱含層 2 的第一個神經元傳遞

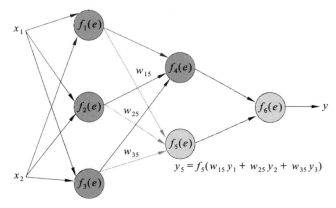

圖 2-17 輸入信號向隱含層 2 的第二個神經元傳遞

隱含層 2 信號 y_4、y_5 經過權重 w_{46} 和 w_{56} 向輸出神經元傳遞，得到 y（見圖 2-18）。

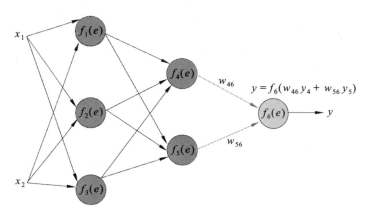

圖 2-18 輸入信號向輸出神經元傳遞

輸出信號 y 與正確信號 z 作差，得到誤差 δ 信號（見圖 2-19）。

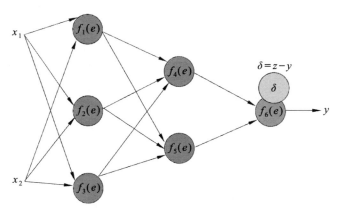

圖 2-19 輸出信號與正確信號作差，得到誤差信號

接下來，進入誤差反向傳播的過程。誤差信號經過權重 w_{46} 和 w_{56} 向隱含層 2 傳播，得到 δ_4 和 δ_5（見圖 2-20）。

誤差信號 δ_4 和 δ_5 經過權重 w_{14}、w_{24}、w_{34} 和 w_{15}、w_{25}、w_{35} 向隱含層

1 傳播，得到 δ_1、δ_2 和 δ_3（見圖 2-21）。

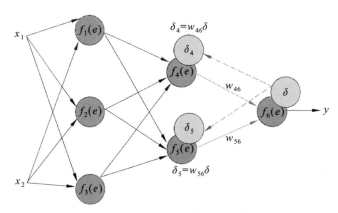

圖 2-20 誤差信號反向傳播到隱含層 2

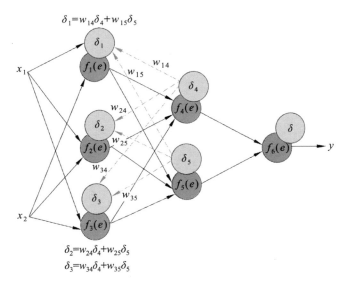

圖 2-21 誤差信號反向傳播到隱含層 1

接下來，要根據反向傳播得到的誤差信號調整權重。根據反向傳播到隱含層 1 的誤差信號 δ_1、δ_2 和 δ_3 調整輸入層和隱含層 1 之間的權重（見圖 2-22）：

$$w'_{(x1)1} = w_{(x1)1} + \eta\delta_1 \frac{df_1(e)}{de} x_1$$

$$w'_{(x2)1} = w_{(x2)1} + \eta\delta_1 \frac{df_1(e)}{de} x_2$$

$$w'_{(x1)2} = w_{(x1)2} + \eta\delta_2 \frac{df_2(e)}{de} x_1$$

$$w'_{(x2)2} = w_{(x2)2} + \eta\delta_2 \frac{df_2(e)}{de} x_2$$

$$w'_{(x1)3} = w_{(x1)3} + \eta\delta_3 \frac{df_3(e)}{de} x_1$$

$$w'_{(x2)3} = w_{(x2)3} + \eta\delta_3 \frac{df_3(e)}{de} x_2$$

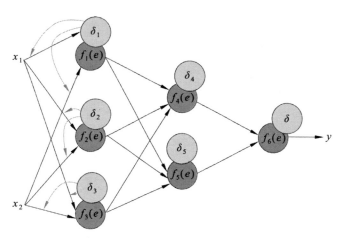

圖 2-22 根據誤差信號調整輸入層與隱含層 1 之間的權重

　　根據反向傳播到隱含層 2 的誤差信號 δ_4 和 δ_5 調整隱含層 1 和隱含層 2 之間的權重（見圖 2-23）：

$$w'_{14} = w_{14} + \eta\delta_4 \frac{df_4(e)}{de} y_1$$

$$w'_{24} = w_{24} + \eta\delta_4 \, \frac{df_4(e)}{de} y_2$$

$$w'_{34} = w_{34} + \eta\delta_4 \, \frac{df_4(e)}{de} y_3$$

$$w'_{15} = w_{15} + \eta\delta_5 \, \frac{df_5(e)}{de} y_1$$

$$w'_{25} = w_{25} + \eta\delta_5 \, \frac{df_5(e)}{de} y_2$$

$$w'_{35} = w_{35} + \eta\delta_5 \, \frac{df_5(e)}{de} y_3$$

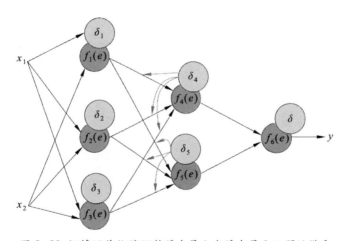

圖 2-23 根據誤差信號調整隱含層 1 與隱含層 2 之間的權重

根據誤差信號 δ 調整隱含層 2 和輸出層之間的權重（見圖 2-24）：

$$w'_{46} = w_{46} + \eta\delta_5 \, \frac{df_6(e)}{de} y_4$$

$$w'_{56} = w_{56} + \eta\delta_5 \, \frac{df_6(e)}{de} y_5$$

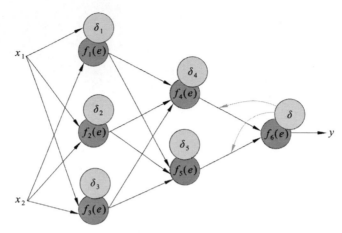

圖 2-24 根據誤差信號調整隱含層 2 與輸出層之間的權重

這就是整個反向傳播演算法的流程了，相信讀者看到誤差信號是怎麼一步步沿著權重反傳播的，也能夠理解演算法名字中「反向傳播」的含義了。

2.2.4 支援向量機

1990年代，弗拉基米爾‧瓦普尼克 (Vladimir Naumovich Vapnik) 等人提出了支援向量機[14] (support vector machines，SVM)，它是建立在統計學習理論和結構風險最小化原理基礎上的機器學習方法。雖然 SVM 本質上是一種特殊的兩層神經網路，但因其具有高效的學習演算法，且沒有局部最優的問題，使得很多神經網路的研究者轉向了它。它在解決小樣本、非線性和高維度模式辨識問題中表現出了許多特有的優勢，並在很大程度上克服了「維數災難」和「過適」等問題，可用於分類或回歸問題。它使用一種稱為核技巧的技術來轉換資料，然後根據轉換後的結果找到可能輸出之間的最佳邊界。簡而言之，它會執行一些非常複雜的資料轉換，然後根據定義的標籤計算出如何分離資料。

支援向量機演算法的目標是在 N 維空間中找到一個能夠顯而易見的

分隔開資料點的超平面，其中 N 是資料點的特徵數，也可以理解為資料點的維數。

我們可以使用一個簡單的例子來說明 SVM 是如何工作的。

假設有兩種資料，分別用三角形和圓形表示，資料有兩個特徵：x 和 y。現在我們需要一個分類器，給定一對 $(x，y)$ 坐標，就能夠利用分類器判斷它是三角形還是圓形。在 2D 平面上，透過支援向量機方法，能夠找到一個最優的超平面分割資料（在 2D 平面上，這個超平面就是一條直線），使得任何落在它的一邊的東西將分類為圓形，而任何落到另一邊的東西都是三角形的。圖 2-25 顯示了這些比較容易分類的資料以及最終找到的超平面。

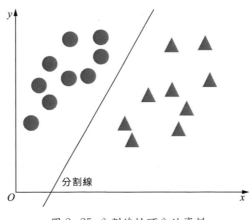

圖 2-25 分割線性可分的資料

圖 2-25 的例子很簡單，因為資料很明顯是線性可分的。我們可以繪製一條直線來分隔兩種形狀。然而，通常情況並非那麼簡單。在圖 2-26 中，很明顯沒有一個線性決策邊界能夠區分兩種資料（找不到一條直線將兩種形狀分開）。然而，從圖中可以看到，三角形和圓形很顯然是兩種不同的東西，看起來應該很容易將它們分開。

對於這種情況，SVM 將添加第三個維度。到目前為止，已經有兩個

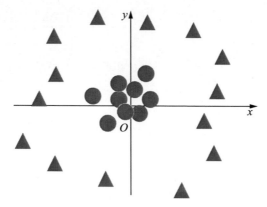

圖 2-26　線性不可分的資料

維度：x 和 y。我們創建一個新的 z 維度，並且規定它以一種方便的方式計算：$z = x^2 + y^2$（讀者會注意到這是一個圓的等式）。在圖 2-27 中，原有的 2D 平面的點被映射到了 3D 空間。

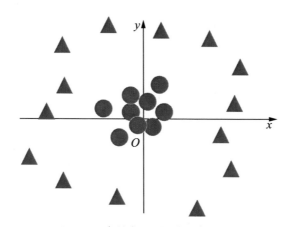

圖 2-27　資料在 3D 空間內線性可分

　　現在，我們可以很輕鬆的用一個線性邊界分割三角形和圓形了。然而，由於我們現在處於 3D 空間，因此分割線是在某個與 x-y 平面平行的平面（假設 $z = 1$）。

　　接下來，將它映射回 2D 平面（見圖 2-28）：

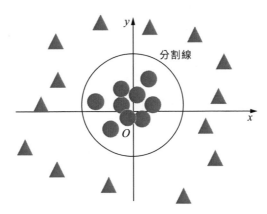

圖 2-28 在 2D 空間中的超平面

在圖 2-28 中可以看到，我們的決策邊界是半徑為 1 的圓周。這樣一來，透過 SVM 方法，我們能夠將不易分類的資料映射為易於分類的資料，從而尋找到合適的分類器。

2.2.5 第五代電腦計畫

縱觀人類科學技術發展歷史，當一門科學技術的各組成部分，分別發展到一定階段時，總是需要有人出來做綜合工作，將分散的理論與實踐成果整合為系統。誰也沒有想到，勇敢的站出來，試圖集人工智慧研究成果之大成者，竟然是在這個領域並沒有多少影響力的日本科學家。

1982 年夏天，日本「新一代電腦技術研究所（ICOT）」，40 位年輕人正聚精會神的聆聽他們的所長淵一博（Kazuhiro Fuchi）發表演講，就像是軍校裡整裝待發的一群畢業生。淵一博的演講深深打動了在座的每一位聽眾，辦公室迴蕩著他那鏗鏘有力的話語：「將來，你們會把這段時間作為一生中最光輝的年代來回顧，這段時間對你們來說具有偉大的意義。毫無疑問，我們會非常努力的工作，如果計畫失敗，由我負完全責任。」淵一博博士本人雖已年逾不惑，但他有自己的擇人標準──年齡不超過 35 歲，他認為他們將要承擔的任務確實是革命性的，年紀大的

人做不成革命。

對此,「知識工程」奠基人費根鮑姆博士描述道:「他們斷言,人工智慧在許多領域已趨成熟,可以進行系統的、有條理的、而最終是驚人的開發。他們自信人工智慧是能夠實現的,而他們正是使之實現的人。」

「新一代電腦」的主要目標之一是突破電腦所謂的「馮紐曼瓶頸」。我們知道,從用真空管製作的 ENIAC,直到用超大規模積體電路設計的微型電腦,都毫無例外遵循著 1940 年代馮紐曼為它們確定的體系結構。這種體系必須不折不扣的執行人們預先編制、並且已經儲存的程式,不具備主動學習和自適應能力。所有的程式指令都必須調入 CPU,一條接著一條的順序執行。人們把這種順序執行(串行)已儲存程式的電腦類型統稱為「馮紐曼架構」。

「馮紐曼架構」曾在電腦的發展歷程中做出了不可磨滅的貢獻,幾乎「統治」著所有的電腦「領地」,但是,面對人工智慧研究,它已經變成限制電腦進一步發展的障礙,成為制約電腦高速處理知識資訊的「瓶頸」。新一代電腦必須能夠大規模並行處理資訊,採用新的儲存裝置結構、新的程式設計語言和新的操作方式。淵一博和研究人員甚至不把他們研製的機器命名為電腦,而稱作知識資訊處理系統(KIPS)。

日本人宣稱這種機器將以 Prolog 為機器的語言,其應用程式將達到知識表達級,具有聽覺、視覺甚至味覺功能,能夠聽懂人說話,自己也能說話,能認識不同的物體,看懂圖形和文字。人們不再需要為它編寫程式指令,只需要口述命令,它自動推理並完成工作任務。這種新型的機器,也就是當時人們常掛在嘴邊的「第五代電腦」,費根鮑姆認為它引起了「重要的第二次電腦革命」。據《日本經濟新聞》報導,第五代電腦計畫最終目標是組裝 1,000 臺要素資訊處理器來實現並行處理,解題和推理速度達到每秒 10 億次;與此相連接的是容量高達 10 億資訊組

的資料庫和知識庫，包括 1 萬個日語和外國語言的基本符號，以及語法規則 2,000 條，可以分析 95% 以上的文章，自然語言辨識率達到 95%。此外，還將配置語音辨識裝置和儲存 10 萬個圖像的模式辨識裝置等。

這真是一個雄心勃勃的、誘人的計畫！日本通產省全力支持了該項計畫，總投資預算達到 8 億美元，並且組織富士通、NEC、日立、東芝、松下、夏普等 8 大著名企業配合淵一博的研究所共同開發。五代機計畫預定為 10 年完成，分為三個階段實施。淵一博等人苦苦奮戰了將近 10 年，他們幾乎沒有回過家，常年整天穿梭於實驗室與公寓之間，近乎玩命式的拚搏。報社記者動情的寫道：如果你在地鐵上看見有人一邊看資料一邊啃麵包，十之八九是 ICOT 的研究者。

然而，「五代機」的命運是悲壯的。1992 年，因最終沒能突破關鍵性的技術難題，無法實現自然語言人機對話、程式自動生成等目標，導致了該計畫最後階段研究的流產，淵一博也不得不重返大學講壇。也有人認為，「五代機」計畫不能算作失敗，它在前兩個階段基本上達到了預期目標。1992 年 6 月，就在「五代機」計畫實施整整 10 年之際，ICOT 展示了它研製的五代機原型試製機，由 64 臺處理器實現了並行處理，已初步具備類似人的左腦的先進功能，可以對蛋白質進行高精度分析，已經在基因研究中發揮了作用。

流產也好，失敗也罷，歷史已經替「五代機」畫上了句號，現實迫使人們尋找研製智慧電腦新的途徑。日本民族是頑強的，就在 1992 年，它重新開始實施「現實世界電腦」計畫，接著研製具有類似於人的右腦功能的電腦。

儘管日本的第五代電腦計畫最終以失敗告終，但是它在當時仍然產生了很大的影響。

日本的第五代電腦計畫為美國敲響了警鐘。1982 年，美國成立了微電子與電腦協會（Microelectronics and Computer Consortium，

MCC)，作為對日本第五代電腦計畫的回應。美國政府向 MCC 每年投資
7,500 萬美元，共 600 個職位編制。曾任美國國家安全局長和中央情報
局副局長的一位海軍上將被任命為 MCC 的董事長兼 CEO。MCC 是一
個工業界的鬆散耦合聯盟，除了 IBM 和 AT&T 之外的美國所有重要高科
技公司都參與。這麼多公司聯合辦公，在美國歷史上還是頭一次，國會
特批免除「反壟斷法」的限制。[15]

　　共有 27 個州的 57 個城市參與競標 MCC 的選址，其中有加州的聖
地牙哥、喬治亞州的亞特蘭大、北卡羅來納州的三角研究園等。可是最
終 MCC 竟選址在德州的奧斯汀。這是因為 MCC 董事長是德州人，並且
畢業於德州大學奧斯汀分校。

　　除了 MCC，美國國防高等研究計畫署（DARPA）還啟動了其他三個
國防項目：無人駕駛車、飛行員輔助系統和戰場管理系統。

　　相較於美日競相在人工智慧領域開始發力，英國自然也不甘於落
後。英國政府於 1982 年婉拒了日本邀請聯合進行第五代電腦計畫的提
議，宣布將在未來五年內投入兩億五千萬英鎊開發英國自己的阿爾維計
畫。不幸的是，英國已經在同年的馬爾維納斯群島之戰上花費了七億英
鎊，因此英國柴契爾政府面臨壓力，要求阿爾維計畫儘快生產出可以市
場化的產品。當 1987 年日本第五代電腦計畫陷入膠著狀態時，英國宣布
放棄阿爾維計畫。

　　德國則更加務實，1988 年當別國已經對第五代電腦計畫採取謹慎態
度時，德國則上馬了德國人工智慧研究中心（DFKI）。相較於其他不久
就飄散的項目，DFKI 今天還在，在經歷了人工智慧的沉浮後，它今天仍
然是歐洲人工智慧的中心。

　　日本的第五代電腦計畫在 1988 年就已經呈現出敗象。在 1981 年，
第一次第五代電腦的會議紀錄只有 280 多頁，而到了 1988 年，會議紀
錄則有 1,300 多頁。從會議紀錄可以看出，第五代電腦計畫到了後期已

經成了技術的大雜燴，沒有聚焦點，不可能在任何相關領域獲得突破性進展。第五代電腦沒有證明它能做傳統電腦不能做的工作，在一些典型的應用上，第五代電腦也沒比傳統電腦快多少。

MCC 的國際合作總監 Eaton 並不認為第五代電腦計畫失敗了。因為日本對第五代電腦的投入並不大，並且第五代電腦計畫促進了 1980 年代中後期人工智慧領域的繁榮，也提升了日本在世界的國際形象。在第五代電腦計畫的後期，網際網路崛起了，相較於網際網路的突飛猛進，第五代電腦自然光輝不再。第五代電腦的影響局限在技術圈內，而資訊高速公路的影響卻是全社會的。也許第五代電腦並非失敗，只是各種技術此起彼伏的一個階段 [15]。

2.2.6 應用瓶頸（二）

在第一次人工智慧低谷時，當時的人工智慧研究者們遭遇了大幅的經費縮減，於是創造了「AI 之冬」這個詞。在第二次人工智慧繁榮時期，這些經歷過第一次「AI 之冬」的人注意到了專家對於人工智慧的狂熱追捧，又考慮到了人工智慧的實際成果，預測下一次低谷還將來臨。果不其然，從 1980 年代末到 1990 年代初，人工智慧又迎來了第二次低谷。

一方面，Apple 公司和 IBM 公司生產的桌上型電腦性能逐步提高，個人電腦的理念不斷蔓延，人們不再期望人工智慧來幫自己解決問題。另一方面，促使人工智慧從第一次低谷中走出的「專家系統」隨著使用場景的增多，暴露出了各式各樣的問題，人們發現它只適用於某些特定場景，維護困難，難以使用。再加上許多大型人工智慧項目，如上面提到的「第五代電腦計畫」並沒有實現，期望與現實的落差再次促使人們縮減對於人工智慧的研究經費。到了 1980 年代晚期，策略計算促進會大幅削減對人工智慧的資助。國防高等研究計畫署（DARPA）的新任領導

者認為人工智慧並非「下一個浪潮」，撥款將傾向於那些看起來更容易出成果的項目。

2.3 基於網際網路大數據的深度學習時代（2006 年至今）

吳恩達在《楊瀾訪談錄》的「探訪人工智慧」特輯裡這麼評價深度學習，「我們常常把深度學習和建造運載火箭一起做分析。火箭引擎就是我們擁有的大型電腦，用以訓練大量的神經網路，燃料就是我們擁有的大量資料，大型電腦加上大量資料，我們的飛機就可以越飛越遠了。」

深度學習實際上是機器學習演算法中的一種，機器學習可以說是人工智慧技術的核心（見圖 2-29）。這清晰的表示了深度學習與人工智慧的關係。

其實早在 1980、1990 年代，人們就提出了深度學習的設想，但是

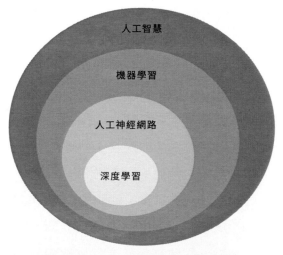

圖 2-29 深度學習與人工智慧的關係

由於當時硬體發展速度跟不上，再加上根本沒有足夠大量的資料輸入給深度神經網路，人們很難實現深度的神經網路，待擬合的參數很容易就變成了導致網路過擬合的垃圾，無法發揮作用。然而，到了 21 世紀的第二個十年，人們有了與其相搭配的大量資料來訓練網路，據相關資料，2014 年，整個網際網路上每秒鐘就有 60 萬筆資訊在「臉書」上分享，2 億封郵件、10 萬則推文被發送，571 個新網站被建立，1.9E（10^{18}）字節的資料被交換。隨著網際網路的發展，我們進入了大數據時代，促進了網路深度的增加。

提升曲線（見圖 2-30）很好的說明了資料量的大小對深度神經網路分類和預測準確度的影響[32]。對比傳統演算法和深度學習這兩條曲線，我們可以清晰的看到，隨著資料量的增加，採用了深度學習方法的模型可以持續不斷的提高準確度。

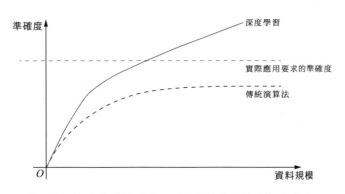

圖 2-30 機器學習模型的預測精度隨資料量的提升曲線

圖中橫坐標表示的是輸入神經網路模型的資料規模大小，縱坐標表示的是模型所能達到的分類或預測準確度。實曲線對應的是採用了深度學習技術的神經網路模型，虛曲線代表的則是未採用深度學習技術的模型（如 SVM 算法）。

由此可見，大數據時代的到來為深度神經網路的大規模應用鋪平了

道路，加深網路帶來更高精度的設想終於可以在大量資料的基礎上得以驗證。大數據與深度學習技術的搭配才是促使人工智慧突飛猛進發展的關鍵因素。

2.3.1 本時期重大研究成果和亮點（三）

從感知機提出，到 BP 演算法應用以及 2006 年以前的歷史被稱為淺層學習，典型的淺層學習模型包括傳統隱馬爾可夫模型（HMM）、條件隨機場（CRFs）、最大熵模型（MaxEnt）、Boosting、支援向量機（SVM）、核迴歸及僅含單隱層的多層感知器（MLP）等。2006 年以後的人工智慧被稱為深度學習。這都源於 2006 年，發生了一件影響人工智慧的具有里程碑意義的大事。辛頓和他的學生 R. R. Salakhutdinov 在《科學》雜誌上發表題為 *Reducing the Dimensio nality of Data with Neural Networks* 的文章，掀起了深度學習在學術界和工業界的研究熱潮，此領域才真正開始騰飛。文章摘要闡述了兩個重要觀點：一是多隱層的神經網路可以學習到能刻劃資料本質屬性的特徵，對資料視覺化和分類等任務有很大幫助；二是可以借助於無監督的「逐層初始化」策略來有效克服深層神經網路在訓練上存在的難度，即深度信念網路，一種用於受限玻爾茲曼機的快速學習演算法。

然而，深度學習不是後來才橫空出世的，它的歷史幾乎和人工智慧的歷史一樣長。1986 年，Paul Smolensky 命名了 RBM，但直到辛頓及其合作者在 2006 年左右發明快速學習演算法後，受限玻爾茲曼機才變得知名。因為它是相對於由辛頓和 Terry Sejnowski 在 1985 年發明的不受限的「玻爾茲曼機」（Boltzmann machines，BM）來說的，所以叫作「受限玻爾茲曼機」。

自動編碼器早在 1986 年就被 Rumelhart 等人提出（也有資料說第一個自動感應器是福島神經認知機），2006 年之後，辛頓等人又對自動

編碼器進行改造，出現了深度自編碼器，稀疏自編碼器等。2008 年，Pascal Vincent 和約書亞・班吉歐（Yoshua Bengio）等人在 *Extracting and composing robust features with denoising autoencoders* 中提出了去噪自編碼器，2010 年又提出來層疊去噪自編碼器。2011 年，Richard Socher 等人也提出了遞歸自編碼器（RAE）。

目前，卷積神經網路作為深度學習的一種，已經成為當前圖像理解領域研究的焦點。早在 1989 年，楊立昆在貝爾實驗室就開始使用卷積神經網路辨識手寫數字；1998 年，楊立昆提出了用於字符辨識的卷積神經網路 LeNet5，並在小規模手寫數字辨識中獲得了較好的結果。基於這些工作，楊立昆也被稱為卷積網路之父。2012 年，Alex Krizhevsky 等採用卷積神經網路的 AlexNet 在 ImageNet 競賽圖像分類任務中獲得了最好成績，是卷積神經網路在圖像分類中的極大成功。隨後 Alex Krizhevsky，Ilya Sutskever 和辛頓發表了文章 *ImageNet Classification with Deep Convolutional Neural Networks*。

2013 年，Graves 證明，結合了長短期記憶（long short terms memory，LSTM）的遞歸神經網路（recurrent neural network，RNN）比傳統的遞歸神經網路在語音處理方面更有效。2014 年至今，深度學習在很多領域都獲得了突破性進展，發展出了包括注意力（attention），RNN-CNN，以及深度殘差網路等多種模型。

到了 21 世紀，電腦硬體、大數據技術迎來了飛速發展，許多先進的人工智慧方法的實現得益於計算能力的提升，成功應用於實際問題，人工智慧領域迎來了前所未有的、新的熱潮。和前兩次人工智慧熱潮相比，這一次人工智慧復興的最大特點，就是人工智慧在多個相關領域表現出可以被一般人認可的性能或效率，並因此在產業界發揮出真正的價值 [33]。

在電腦視覺領域，對於圖像分類任務，自從 Alex 和辛頓在 2012

年的 ImageNet 大規模圖像辨識競賽（ILSVRC2012）中使用 AlexNet（83.6% 的 Top5 精度）以超過 10 個百分點的成績大勝第二名（74.2%，使用傳統的電腦視覺方法）後，深度學習真正開始火熱，卷積神經網路（CNN）開始成為家喻戶曉的名字。從 2012 年的 AlexNet（83.6%），到 2013 年 ImageNet 大規模圖像辨識競賽冠軍的 88.8%，再到 2014 年 VGG 的 92.7% 和同年的 GoogLeNet 的 93.3%，終於，到了 2015 年，在 1,000 類的圖像辨識中，微軟提出的殘差網（ResNet）以 96.43% 的 Top5 正確率，達到了超過人類的水準（人類的正確率也只有 94.9%）。[21]

對於圖像檢測任務，從 2014 年到 2016 年，先後出現了 R-CNN、Fast R-CNN、Faster R-CNN 等框架。其平均檢測精度從 R-CNN 的 53.3%，到 Fast RCNN 的 68.4%，再到 Faster R-CNN[22] 的 75.9%，最新實驗顯示，Faster RCNN 結合殘差網（ResNet-101），其檢測精度可以達到 83.8%。演算法的檢測速度也越來越快，最初的 RCNN 模型，要用 2 秒多才能處理一張圖片，而 Faster RCNN 的檢測速率是 198 毫秒／張，最後又出現了精度和速度都較高的 SSD 模型，精度 75.1%，速度 23 幀／秒。

對於圖像分割任務，其目的是把圖像中各種不同物體用不同顏色分割出來。其平均精度也從最開始 FCN 模型的 62.2%，到 DeepLab 框架的 72.7%，再到牛津大學的 CRF as RNN 的 74.7%[23]。

在聲學處理領域，2009 年，辛頓將 DNN 應用於語音的聲學建模，在 TIMIT 上獲得了當時最好的結果。2011 年底，微軟亞洲研究院的俞棟、鄧力又把 DNN 技術應用在了大詞彙量連續語音辨識任務上，大大降低了語音辨識錯誤率。從此以後基於 DNN 聲學模型技術的研究變得異常火熱。微軟 2015 年 10 月發表的 Switchboard 語音辨識測試中，更是獲得了 5.9% 的詞錯誤率，第一次實現了和人類一樣的辨識水準，獲得了一個歷史性突破。2018 年，Google 推出了 BERT（bidirectional encoder representations from transformers）模型，意思是來自 Transformer 的雙向編碼器表示。目前，BERT 在 11 項 NLP 任務上都獲得了最頂尖成績。

在機器翻譯領域，可以實現即時翻譯，即辨識具有字母的圖像以及字母在場景中的位置。辨識後，將它們轉換為文本，並使用翻譯後的文本重新創建圖像。還可以將圖像辨識方法與自然語言處理相結合，為圖像自動生成標題。2018 年 6 月 13 日，Google 公司發表離線神經機器翻譯技術（neural machine translation），使得離線狀態下，也能用人工智慧翻譯，且支援 59 種語言；2018 年 9 月，網易有道自研離線神經網路翻譯技術，並應用於發表的翻譯智慧硬體「有道翻譯王 2.0Pro」；2018 年 9 月，搜狗推出最新款時尚人工智慧翻譯機——搜狗翻譯寶 Pro，支援 42 種語言即時互譯及中英日韓 4 種語言離線翻譯；2018 年 10 月，百度推出即時將英語翻譯成中文和德語的人工智慧即時翻譯工具。機器翻譯作為 NLP 最為人知的應用場景，其產品正逐漸成為人們生活的必需品，因此機器翻譯蘊含著龐大的市場價值，讓眾多廠商為之心動，同時也必然會使得機器翻譯越來越成熟。

在影片遊戲領域，透過使用深度強化學習方法，能夠僅根據螢幕上的畫素來玩遊戲。在雅達利遊戲上，先後出現了 DQN（Deep Q-Network）[24] 方法、Double DQN[25] 方法、「決鬥」神經網路架構（Dueling network）[26] 等。在圍棋上，AlphaGo 推出了新的蒙特卡羅樹搜尋演算法。該演算法結合蒙特卡羅模擬以及價值和策略網路來減少計算開銷，並力挫歐洲圍棋冠軍和世界頂尖棋手李世乭。在撲克上，DeepMind 的 Heinrich 和 Silver 等提出了更適用於非完全資訊博弈的深度強化學習演算法，稱為神經虛擬自我對局（neural fictitious self-play，NFSP）。NFSP 的主要思想是去近似博弈論中經典的「虛擬對局（Fictitious play）」模型，其不借助於先驗知識，並能在二人零和遊戲

(zero-sum games) 或者多人勢博弈 (potential games) 中透過自我對局中收斂到納許平衡 [27]。

鑑於深度學習已在諸多應用領域獲得了引人矚目的成就，許多著名的科技公司也紛紛開始布局深度學習。

其中最有代表性的就是「Google 大腦」的建立。Google 大腦是在 2011 年由 Google 公司最資深的科學家和資深專家傑夫‧迪恩 (Jeff Dean)、研究員格雷科拉多 (Greg Corrado) 與史丹佛大學知名人工智慧教授吳恩達 (Andrew Ng) 創建的。它是一個龐大的深度學習計算框架，擁有數萬臺高性能的電腦和頂級的圖形處理器作為計算單元，可以完成大規模、多維度、多層次的深度學習模型訓練和演算。後來因為它驚人的效益和成功，由 Google X 的一個項目成為了 Google 總公司的單獨部門。2012 年 6 月，它透過深度學習一千萬段 YouTube 影片後，自己「學」到了如何從影片中辨認一隻貓。

2012 年 11 月，微軟公司在天津的一次活動上公開展示了全自動的同聲傳譯系統。演講者用英文演講的同時，後臺程式同步的完成語音辨識、英譯中和中文語音合成，效果非常流暢。

2013 年 1 月，在百度公司年會上，CEO 高調宣布成立百度研究院，其中第一個成立的就是「深度學習研究所」。百度首席科學家吳恩達甚至表示，百度在深度學習領域的發展已經超過了 Google 和 Apple 公司。

在機器學習領域，歷史上已經上演過幾場舉世矚目的「人機大戰」，而 IBM 公司開發的電腦華生 (Watson) 作為「深藍」的弟弟，繼續著對人類智慧極限的挑戰。Watson 是以 IBM 的創始人 Thomas J. Watson 名字命名的，IBM 開發華生旨在完成一項艱鉅挑戰：建造一個能與人類回答問題能力匹敵的計算系統。這一系統沒有連接至網際網路，不會透過網路進行搜尋，僅靠記憶體資料庫作答，但要求其具有足夠的速度、精確度和置信度，並且能使用人類的自然語言回答問題，系

統複雜程度可想而知。

　　Watson 把目光瞄準了美國最受歡迎的智力競猜電視節目《危險邊緣》，這個節目透過答題贏取鉅額現金，考察選手的搶答速度及回答的準確性，內容涵蓋了藝術、科技、生活的各個方面。2011年2月17日，Watson 在節目中一亮相就擊敗了該節目歷史上兩位最成功的選手肯‧詹寧斯（Ken Jennings）和布拉德‧魯特爾（Brad Rutter），成為《危險邊緣》節目新的王者，獲得了 41,413 美元的獎金（見圖 2-31）。而兩位人類選手肯‧詹寧斯和布拉德‧魯特爾分別僅獲得了 19,200 美元和 11,200 美元。兩日結果相加，最終成績華生獲得獎金達到了 77,147 美元，排名第二的肯‧詹寧斯和排名第三的布拉德‧魯特爾只獲得了 24,000 美元和 21,600 美元。結果讓人目瞪口呆，事實證明，IBM 的超級電腦華生智商已經領先於人類。這段精彩的故事會在 3.3 節詳細介紹。

圖 2-31 華生參加《危險邊緣》節目

　　然而，這僅僅是開始。曾經認為人工智慧不可能發生在圍棋領域的人被徹底顛覆了想像。2016年3月9日，AlphaGo 和李世乭（世界圍棋第一高手）之間的世紀大戰開始了。最終，AlphaGo 以 4：1 獲得了壓倒性勝利，成為第一個戰勝圍棋世界冠軍的機器人。

　　緊接著，2017 年 10 月，DeepMind 團隊創造的 AlphaGo 升級版 AlphaGo Zero 再一次獲得了重大突破，它可以完全從零開始學習下圍棋，而無須借鑑任何人類的下棋經驗。僅經過大約 3 天的訓練，AlphaGo Zero 就達到了戰勝李世乭的棋力水準（見圖 2-32）；而到了 21 天以後，世界上已經沒有任何人類或程式可以在圍棋上戰勝它了。AlphaGo 的成功不僅象徵著以深度學習技術為支撐的新一代人工智慧技術的大獲全勝，更暗示著人工智慧的全新時代已經到來。

圖 2-32 AlphaGo 與李世乭世紀對決

　　2016 年作為智慧元年，因為這一年的人工智慧有一個很明顯的特徵：超強的學習能力。不僅是 Google 公司的機器人贏了世界第一圍棋高手，還因為 IBM 公司的人工智慧 Watson 也做了兩件漂亮的事。

　　第一件事，IBM 公司用人工智慧 Watson，花了幾秒鐘的時間，閱讀了巴布狄倫（Bob Dylan）獲得了諾貝爾文學獎的作品，然後說了一句話：你的歌曲反映了兩種情緒，叫流逝的光陰和枯萎的愛情。

　　另外一件事，Watson 在醫生已經束手無策的情況下，花了十幾分鐘時間，閱讀了 2,000 萬頁的醫療文獻，成為了一位「專家」，用它的建議救治了一名身患重病的日本女性。

Google、微軟、百度等高科技公司爭相在人工智慧領域布局，搶占深度學習的技術制高點。這是因為它們看到了在大數據時代，強大的深度學習模型能夠解釋大量資料中的深刻規律，從而對未來或未知事物做出準確的預測。

在本節中，我們將看一看深度學習領域的各位大人物們如何通力合作，為當前人工智慧的繁榮發展奠定了基礎，還將重點學習一下「引無數英雄競折腰」的 ImageNet 競賽以及在 ImageNet 競賽上獲得亮眼成績的深度學習方法——卷積神經網路。了解人工智慧技術的典型應用：語音助理 Siri 如何影響我們的日常生活。

2.3.2 人物合作網路（三）

提到人工神經網路以及深度學習，就不得不提傑佛瑞·辛頓。辛頓可以說是當前對深度學習領域影響最大的人，被人們稱為「神經網路之父」，現任多倫多大學電腦科學系教授。他是反向傳播演算法和對比散度演算法的發明人之一，他提出了深度網路和深度學習的概念，神經網路開始煥發一輪新的生機，並掀起了第二次機器學習熱潮。

2006 年，辛頓和他的學生 Ruslan Salakhutdinov 在 Science 雜誌上發表了一篇文章 [13]，傳達了兩個主要的思想：①包含多隱層的人工神經網路能夠很好的學習到資料的特徵，這些特徵能夠刻劃資料的本質，從而有利於資料的分類。②可以透過逐層初始化（layer-wise pretraining）的方法來有效克服深度神經網路在訓練上的難度。

辛頓關於深度神經網路的研究激勵了大量的學者朝著這個方向前進。借助辛頓的深度網路模型，人們首先在語音領域和圖像辨識領域獲得了突破。

2009 年，微軟公司的鄧力邀請辛頓加入語音辨識的深度神經網路模型的開發，他們主要討論了語音深度生成模型（deep generative model）方面的限制和基於深度神經網路（deep neural nets，DNN）的大數據領域存在的可能性，並且研究得出：即使沒有預訓練，透過對資料尤其是大量基於文本輸出層的深度神經網路的訓練，也可以使辨識的準確度有大幅度的提升。

然而，辛頓並不想止步於此，他需要一個更大的資料集來訓練超深度的網路，這時，一位華裔女科學家走上了歷史的舞臺，她就是美國史丹佛大學的機器視覺專家李飛飛。

李飛飛──這是一個人工智慧界無人不知的名字，1976 年出生，年僅 33 歲便獲得了史丹佛的終身教授職位，不僅是史丹佛人工智慧實驗室唯一的女性，而且是電腦系最年輕的教授。在一流電腦期刊上發表超過 100 篇學術論文。2015 年 12 月 1 日，她入選 2015 年「全球百大思想者」；2018 年 3 月，獲得「影響世界華人大獎」。她現為美國史丹佛大學教授、Google 雲端人工智慧和機器學習首席科學家。她最大的貢獻，便是主導的圖形辨識項目，每年吸引著包括 Google、Facebook、Amazon 等科技龍頭在內的上百家頂尖機構，共同向前推進機器智慧的邊界。

圖像辨識技術是人工智慧發展道路上的一座高峰。簡單來說，它就是要教會電腦看圖說話。要知道，「看到」和「懂得」是不一樣的。例如，你可以告訴電腦，「貓」就是有著圓臉、胖身子、兩隻尖尖的耳朵，還有一條長尾巴的東西。一個 3 歲小孩都能從圖片中辨識出「貓」，可是電腦卻做不到。李飛飛嘗試透過增加自主訓練量，從 Twitter 上抓取大量照片，將它們通通打上標籤後，訓練電腦進行機器學習，最終攻克了圖像辨識的難關。圖片辨識技術從此飛速發展，如今已經能辨識出大部分照片中的物體，還能用高度擬合的人類語言，將它們描述出來。

2007 年，李飛飛借助大量網友的力量辛苦卓絕的構造出了 ImageNet 這樣一個大規模、高精度、多標籤的圖像資料庫。她還組織

了一年一度的 ImageNet 挑戰賽，邀請 Google 公司等科技龍頭參賽，促進圖像辨識和人工智慧領域的交流。

然而，你一定不會想到：這樣一位美女學霸卻做過清潔人員、中餐館收銀員，開過洗衣店……她的成功曾在小鎮上名噪一時。有報紙專門刊載了她的故事，標題是〈「美國夢」成真了〉。李飛飛的父母都是 1990 年代美國移民中的高級知識分子，經濟狀況不太好。為了生計，李飛飛不得不一邊求學，一邊打工。最辛苦的時候，她甚至一天只睡 4 個小時。就是在這種艱苦條件下，她拿到了普林斯頓大學的全額獎學金[31]。

她的人生信念是「人生最大的挑戰，其實是不辜負你最大的潛能，又不辜負你身上的責任，以及誠實面對你自己內心所希望追求的事業」。從普林斯頓大學畢業之後，她毫不猶豫的放棄了美國高額的年薪，投身艱苦地區，到西藏研究藏藥。博士畢業後，她又淡泊名利選擇了當時還不太流行的圖像辨識作為研究方向，甚至在實驗室缺少人手，又申請不到經費，面臨失去職位風險的時候依舊沒有退縮。她艱苦的建立了一個前所未有的龐大資料庫——大名鼎鼎的 ImageNet，卻允許學術和商業界的每一個實驗室調取。

ImageNet 競賽為辛頓提供了一個完美的舞臺。那時，他早已準備好要讓深度神經網路大顯身手了。2009 年，吳恩達和傑夫·迪恩帶領下的 Google Brain 利用超過 1.6 萬臺電腦處理器組建了一個神經網路，他們從 1,000 萬段 YouTube 的影片中抽取一幀解析度為 200×200 的縮略畫面來訓練神經網路從中辨識出「貓」。

吳恩達，美籍華人，辛頓的學生之一，曾經是史丹佛大學電腦科學系和電氣工程系的副教授，史丹佛人工智慧實驗室主任。他還是線上教育平臺 Coursera 的創始人之一。Ng 研究組的一個重要貢獻是提出了一系列基於稀疏編碼的深層學習網路。

2012 年，辛頓和他的另外兩個學生亞歷克斯·克里澤夫斯基（Alex Krizhevsky）和伊爾亞·蘇茨克維（Ilya Sutskever）採用了一個深層次的卷積神經網路（AlexNet），在 ImageNet 競賽的分類任務中表現突出，技壓群雄，將分類錯誤率從 25% 降到了 17%。將卷積神經網路做到 8 層，而且不需要任何預處理就能將圖像分類任務做到這麼好，這還是頭一次。從此，深度神經網路就成為了 ImageNet 競賽的標準配備，從 AlexNet 到 GoogleNet，人們不斷增加網路的深度，辨識準確率直線提升。2012 年以後，深度學習開始在學術圈流行起來。

其實，卷積神經網路也不是新東西，它於 1980 年代發展起來，最早用於模仿動物視覺皮層的結構。到了 1998 年，這種網路被楊立昆等人成功應用到了手寫數字的辨識上，並大獲成功。

楊立昆，辛頓的學生之一，法國出生的電腦科學家，曾在多倫多大學跟隨辛頓做博士後。他最著名的工作是電腦視覺中的經典深度網路架構——卷積神經網路，他也被稱為卷積網路之父。

辛頓桃李滿天下，如今在深度學習領域活躍的大師，有很多都是他的弟子。

約書亞·班吉歐也是辛頓的學生，畢業於麥基爾大學，在 MIT 和貝爾實驗室做過博士後研究員，自 1993 年之後就在蒙特婁大學任教。在預訓練問題，自動編碼器降噪等領域做出重大貢獻。班吉歐研究組的一個重要貢獻是提出了基於自編碼器的深度學習網路 [16]。

另一位人工智慧大師喬丹（Michael I. Jordan）曾經申請過辛頓的博士生，還是班吉歐和吳恩達的老師，而楊立昆與班吉歐曾經是同事。這幾位大師彼此之間有著很深的淵源。圖 2-33 整理了深度學習領域的大師們的關係圖。

2018 年 3 月 27 日，美國電腦協會（ACM）宣布把 2018 年的圖靈獎頒給人工智慧科學家約書亞·班吉歐、傑佛瑞·辛頓和楊立昆，三位人

工智慧科學家同時被授予了電腦科學最高獎，以表彰他們為當前人工智慧的繁榮發展所奠定的基礎。三人被稱為「深度學習教父」，也因他們都活躍於加拿大而被稱作人工智慧領域的「加拿大黑手黨」。

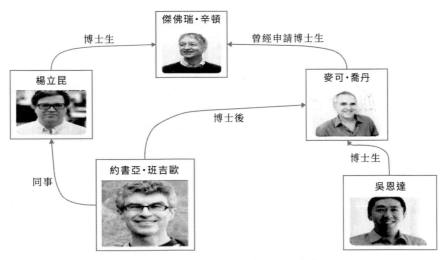

圖 2-33 深度學習領域的重大人物關係圖

2.3.3 ImageNet競賽——奠定人工智慧新方法論

　　ImageNet 資料庫是一個被設計用於圖像辨識、圖像處理研究的大型資料庫。在該資料庫中，手工注釋了超過 1,400 萬張圖像，並且在至少一百萬個圖像中提供了邊界框。ImageNet 資料庫中包含超過 20,000 個典型類別，如「氣球」或「草莓」等，每個類別由數百個圖像組成。自 2010 年以來，ImageNet 項目每年都會進行演算法競賽，即 ImageNet 大規模視覺辨識挑戰賽（ILSVRC），來自世界各地的先進演算法要在 ImageNet 資料庫上一較高下。在 ILSVRC 上，以往一般是 Google、MSRA 等大公司奪得冠軍，近年來中國團隊也逐漸進步，並在 2016 年包攬全部項目的冠軍。

　　ImageNet 是目前深度學習圖像領域應用得非常多的一個資料

集，關於圖像分類、定位、檢測等研究工作大多基於此資料集展開。
ImageNet 資料集檔案詳細，有專門的團隊維護，使用非常方便，在電
腦視覺領域研究論文中應用非常廣泛，幾乎成為了目前深度學習圖像領
域演算法性能檢驗的「標準」資料集。

在過往，被用來訓練圖片處理辨識的資料庫主要是 MNIST，它涵蓋
了 6 萬張訓練圖片和 1 萬張測試圖片，截至目前，研究團隊在 MNIST
上獲得的最佳成績是 0.23% 的錯誤率，到了 2012 年，丹．奇雷尚（Dan
Ciresan）團隊在 CVPR 上提交的論文向大家展示了 GPU 上最大池化
（max pooling）的卷積神經網路在提升視覺 Benchmark 紀錄上的驚人
表現。

ImageNet 始於 2009 年，當時李飛飛、Jia Deng 等研究員在
CVPR 2009 上發表了一篇名為 *ImageNet：A Large-Scale Hierarchical Image
Database* 的論文。2011 年左右，ILSVRC 的良好分類錯誤率為 25%。在
2012 年，達到 16%；在接下來的幾年裡，錯誤率下降到僅幾個百分點，
顯著的錯誤率改進象徵著全行業人工智慧熱潮的開始。到 2015 年，微軟
的 CNN 在狹隘的 ILSVRC 任務中已經超越人類。在 2017 年，38 個競
爭團隊中有 29 個的準確率超過 95%。

ILSVRC 競賽主要包括以下幾個項目。

（1）圖像分類與目標定位。圖像分類的主要任務是判斷圖片中物體
在 1,000 個分類中所屬的類別。主要採用 top-5 錯誤率的評估方式，即
對於每張圖給出 5 次猜測結果，只要 5 次中有一次命中真實類別就算正
確分類，最後統計沒有命中的錯誤率。目標定位是在分類的基礎上，從
圖片中標識出目標物體所在的位置，用方框框定，以錯誤率作為評判標
準。目標定位的難度在於圖像分類問題可以有 5 次嘗試機會，而在目標
定位問題上，每一次都需要框定得非常準確。

（2）目標檢測。目標檢測是在定位的基礎上更進一步，在圖片中同

時檢測並定位多個類別的物體。具體來說，是要在每一張測試圖片中找到屬於 200 個類別中的所有物體，如人、勺子、水杯等。評判方式是看模型在每一個單獨類別中的辨識準確率，在多數類別中都獲得最高準確率的隊伍獲勝。平均檢出率（mean average precision，mean AP）也是重要指標，一般來說，平均檢出率最高的團隊也會在多數的獨立類別中獲勝。

（3）影片目標檢測。影片目標檢測是要檢測出影片每一幀中包含的多個類別的物體，與圖片目標檢測任務類似。要檢測的目標物體有 30 個類別，是目標檢測 200 個類別的子集。此項目的最大難度在於要求演算法的檢測效率非常高。評判方式是在獨立類別中辨識最準確的團隊獲勝。

（4）場景分類。場景分類是辨識圖片中的場景，如森林、劇場、會議室、商店等。也可以說，場景分類要辨識圖像中的背景。這個項目由 MIT Places 團隊組織，使用 Places2 資料集，包括 400 個場景的超過 1,000 萬張圖片。評判標準與圖像分類相同（top-5），5 次猜測中有一次命中即可，最後統計錯誤率。

ImageNet 證明了一個深刻的道理：深度學習需要大量資料支援。大數據與深度學習從來都是密不可分的。在大數據的環境下，只有表達能力強的模型，才能充分發掘大量資料中蘊藏的豐富資訊。創業者和風險投資家紛紛發表最新的資料集。網路公司，如 Google、Facebook 和亞馬遜等已經開始建立自己的內部資料並共享在它們的平臺上。李飛飛說：「ImageNet 改變了人工智慧領域中大眾的認知，資料是人工智慧研究的核心。人們真正認識到資料集的重要性，資料比演算法重要得多。」

2.3.4 卷積神經網路

　　卷積神經網路雖然早在 1980 年代就已經提出，但是直到 2012 年 ImageNet 大賽中的卓越表現才引人注目。該理論的提出受啟發於對生物視覺系統的研究。1962 年，Hubel 和 Wiesel[17] 的工作顯示貓和猴的視覺皮層包含對視野的小區域單獨做出反應的神經元，並提出了「感受野」的概念。1980 年，Fukushima[18] 根據生物視覺神經中的「感受野」理論，提出了能夠共享權重的卷積神經網路層。1989 年，楊立昆將反向傳播演算法與卷積神經網路層結合 [19]，發明了卷積神經網路，並首次將卷積神經網路用於美國郵局的手寫字符辨識系統中。1998 年，楊立昆提出了卷積神經網路的經典模型 LeNet-5[20]。隨後，卷積神經網路的發展經歷了時間延遲神經網路 (TDNN)，移位不變神經網路階段。隨著計算能力的發展，使用圖形處理單元 (GPU) 訓練 CNN 獲得了較好的效果，因其在圖像辨識中的高精度而引人注目。

　　為什麼要提出卷積神經網路呢？傳統神經網路又有哪些限制呢？見圖 2-34 所示，對於傳統的神經網路，其輸入通常是一個向量，其隱藏層由一組神經元組成，每個神經元都與前一層中的所有神經元相連。每個神經元都獨立的起作用，不同神經元之間不共享任何參數。

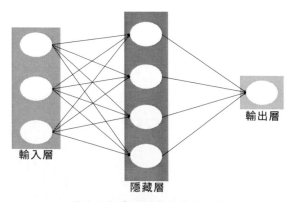

輸出層

輸入層

隱藏層

圖 2-34　傳統的多層神經網路

　　那麼如果當傳統神經網路的輸入是圖片時，又會發生什麼呢？如果一張圖片的尺寸是200×200×3，那麼神經網路的輸入層就有200×200×3=120,000個神經元，那麼第一個隱藏層中的單個神經元就擁有120,000個權重，更何況隱藏層中通常有很多個神經元呢？顯然，這種完全連接的神經網路是不適合圖片輸入的。這種完全連接是浪費的，而且大量參數會導致過擬合。卷積神經網路是專為圖像輸入設計的神經網路架構，使得圖像特徵的提取更有效，並大大減少了參數量（見圖2-35）。從某種角度看，可以將卷積神經網路中的神經元視為3D的立體神經元，神經元將會對它上一層的一個立體區域進行處理。

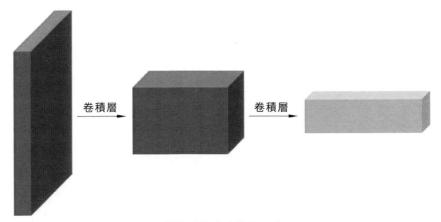

圖2-35 卷積神經網路

　　通常，卷積神經網路由輸入層，輸出層和多個隱藏層組成。隱藏層包括卷積層、池化層和全連接層。輸入層通常是二維或三維矩陣，卷積層模擬神經元對視覺刺激的響應，視覺刺激由一組可訓練的過濾器（或核心）組成。在前饋期間，每個過濾器都會對輸入進行卷積，並將結果傳遞給下一層。池化層不改變三維矩陣的深度，但是可以縮小矩陣的大小。池化操作可以認為是將一張解析度高的圖片轉化為解析度較低的圖片。透過池化層，可以進一步縮小最後全連接層中節點的個數，從而達

到減少整個神經網路參數的目的。池化層本身沒有可以訓練的參數。全連接層與傳統神經網路中的概念一樣，每個神經元都與前一層中的所有神經元相連。圖 2-36 描述了卷積神經網路的常見結構。

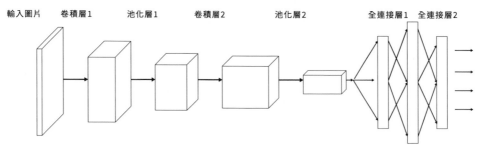

圖 2-36　卷積神經網路結構示意圖

卷積層中有若干個可訓練的過濾器（filter），每個過濾器都會對前一層神經網路的子節點矩陣進行卷積運算，轉化為下一層神經網路的一個單位節點矩陣。單位節點矩陣是長寬都為 1，但深度不限的節點矩陣。進行卷積運算時，參數有過濾器的個數 K、過濾器的尺寸 F、卷積步長 S 以及 padding 值 P。

卷積步長 S 指的是濾波器對一個子節點矩陣做卷積後移動的步數，padding 值 P 指的是在圖像周圍填充的圈數，例如 P＝1，在圖像周圍填充一圈 0，6×6×3 的矩陣就變成了 7×7×3 的矩陣（見圖 2-37）。

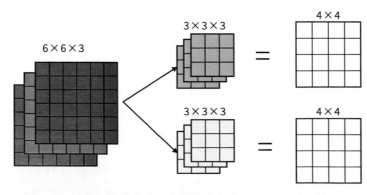

圖 2-37　卷積操作示意圖

一個 6×6×3 的矩陣經過兩個 3×3×3 的過濾器的卷積運算後，變為兩個 4×4 的矩陣。圖 2-37 中，K＝2，F＝3，S＝1，P＝0。

池化層可以減小矩陣的尺寸（主要是長度和寬度，一般而言，不會使用池化操作減少矩陣深度），從而減少最終全連接層的參數。使用最多的池化層是最大池化層（max pooling）和平均池化層（average pooling）。與卷積層類似，池化層中也有類似於過濾器的結構，它和卷積層中的過濾器移動方式相同，也需要設定移動的步長、是否填充 0 以及過濾器的尺寸。池化層的過濾器尺寸為 2×2，P＝0，S＝2。一個 4×4 的矩陣經過這樣一個最大池化層後，變為了一個 2×2 的矩陣（見圖 2-38）。

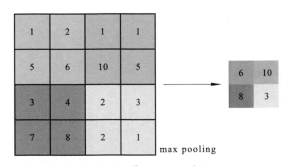

圖 2-38 最大池化示意圖

卷積神經網路有兩個主要特點：局部連接和參數共享。第一，當輸入矩陣經過卷積層變為輸出矩陣時，輸出矩陣中的某個位置只與輸入矩陣的一部分有關。這與傳統神經網路中輸出向量的某一部分與輸入向量的所有分量都有關這一特性顯著不同。第二，同一個卷積層中的濾波器被輸入矩陣共享。一個濾波器無論在輸入矩陣的哪個位置進行操作，濾波器中的數值都是不變的。這一特性使得 CNN 中的參數個數相比於傳統神經網路大幅減少。

2.3.5 可學習與組織的認知助理 Siri

　　圖像辨識幫助機器學會了「看」和「看見」，人類還希望機器能夠學會「聽」和「聽見」。語音辨識就好比「機器的聽覺系統」，該技術讓機器透過辨識和理解，把語音信號轉變為相應的文本或命令。

　　在 1952 年的貝爾研究所，Davis 等人研製了世界上第一個能辨識 10 個英文數字發音的實驗系統。1960 年英國的 Denes 等人研製了第一個電腦語音辨識系統。1970 年代以後開始進行大規模的語音辨識技術研究，並最先在小詞彙量、孤立詞的辨識方面獲得了突破，而大詞彙量、非特定人連續語音辨識技術研究則是在 1980 年代以後。DARPA 是在 1970 年代由美國國防部遠景研究計畫署資助的一項計畫，旨在支援語言理解系統的研究開發工作。進入 1990 年代，DARPA 計畫仍在持續進行中，其研究重點已轉向辨識裝置中的自然語言處理部分，辨識任務設定為「航空旅行資訊檢索」。

　　自 2009 年以來，借助機器學習領域深度學習研究的發展以及大數據語料的累積，語音辨識技術得到突飛猛進的發展。將機器學習領域深度學習研究引入到語音辨識聲學模型訓練，使用帶 RBM 預訓練的多層神經網路，這些技術提高了聲學模型的準確率。在此方面，微軟公司的研究人員率先獲得了突破性進展，他們使用深層神經網路模型（DNN）後，語音辨識錯誤率降低了 30%，是近 20 年來語音辨識技術方面最快的進步。

　　2009 年前後，大多主流的語音辨識解碼器已經採用基於有限狀態機（WFST）的解碼網路，該解碼網路可以把語言模型、詞典和聲學共享音字集整合為一個大的解碼網路，提高了解碼的速度，為語音辨識的即時應用提供了基礎。隨著網際網路的快速發展，以及手機等行動終端的普及應用，可以從多個管道獲取大量文本或語音方面的語料，這為語音辨

識中的語言模型和聲學模型的訓練提供了豐富的資源，使得建構通用大規模語言模型和聲學模型成為可能。

Siri（speech interpretation and recognition interface）是一款內建在蘋果 iOS、macOS、tvOS 和 watchOS 系統中的個人語音助理軟體。此軟體使用自然語言處理和人工智慧技術，使用者可以使用自然的對話與手機進行互動，完成搜尋資料、查詢天氣、設定手機日曆、設定鬧鈴等多種服務。

Siri 的開發和發展過程並不短暫。它的開發源於美國國防高等研究計畫署（DARPA）資助的一個叫作「學習和組織的認知助理（CALO）」項目，該項目旨在開發具有機器學習技術的個人助理。總部位於加州門洛公園的非營利性研究機構 SRI International 採用了 CALO 項目開發的技術和框架，這促進了 Siri 的誕生。起初，位於麻薩諸塞州伯靈頓的 Nuance Communications 是 SRI International 的子公司，提供了 Siri 的語音辨識技術。2010 年 4 月 28 日蘋果公司收購了 Siri 公司，經過重新開發後，Siri 成為了蘋果裝置的內建軟體（並只允許在 iOS、macOS 中執行），並於 2011 年在 iPhone 4S 上首次亮相。2012 年 6 月，蘋果公司宣布將在推出 iOS 6 時將 Siri 添加到第三代 iPad，並將 Siri 與第三方應用程式整合。蘋果公司於 2014 年 9 月推出了 Hey Siri 功能，允許使用者透過說出命令來啟動個人助理，而無須按下設備上的按鈕。

Siri 可以執行各種任務，例如：

導航方向，如「上班途中的交通狀況如何？」。

安排活動和提醒，如「在週二晚上向 Ben 發送訊息『生日快樂』」。

搜尋網路，如「查找狗的圖像」。

收集資訊，如「將水煮沸需要多長時間？」。

更改「增加螢幕亮度」或「拍照」等設定。

以上功能都是透過使用者的自然語言向 Siri 提出請求的。

　　神經網路為自然語言處理技術帶來了一場革命。隨著幾位人工智慧專家的到來，Siri 向神經網路處理語音辨識的過渡進入了高潮，其中包括現在語言處理團隊的負責人 Alex Acero。該團隊開始訓練神經網路來取代 Siri 原先的技術。

　　Siri 主要分為 4 個部分：語音辨識（了解使用者所說的內容）、自然語言理解（理解使用者的意圖）、執行（完成使用者的請求）、回覆（向使用者傳達結果）。Siri 首先要能夠「聽到」使用者的語言，即首先要透過語音辨識技術將使用者的口語轉化成文字，這個過程需要有強大的語音知識庫作為支撐。例如，當你透過說「Hey Siri」來觸發 Siri 時，在後端，Apple 開啟了一個強大的語音辨識系統並將你的音訊轉換成相應的文本形式「Hey Siri」。這是一項極具挑戰性的任務，因為人類擁有高度多樣化的音調和口音。重音不僅在不同國家之間變化，而且在一個國家的不同地區之間也有所不同。有些人講得很快，有些人講得很慢。男性和女性的聲音特徵也大不相同。蘋果公司的工程師在大型資料集上訓練機器學習模型，以便為 Siri 創建高效能的語音辨識模型。這些資料集包含大量人群的語音樣本。透過這種方式，Siri 能夠「聽懂」各種口音。

　　一旦 Siri 理解了使用者所說的內容，轉換後的文本就會發送到 Apple 伺服器進行進一步處理。然後，Apple 伺服器在此文本上運行自然語言處理（NLP）演算法，以了解使用者試圖說出的意圖，這是一項富有挑戰性的工作。例如，當使用者說「明天上午 7 點設定鬧鐘」時，不同的使用者可以用不同的方式說出意思相同的句子。

　　「Siri，你明天早上 7 點能幫我設定鬧鐘嗎？」

　　「Siri，你明天早上 7 點能叫醒我嗎？」

　　「Siri，請設定明天早上 7 點的鬧鐘。」

　　因此，根據自然語言分析使用者的意圖是非常重要的，意圖分析也需要大量資料，只有當提供的資料集夠大時，Siri 才能概括並捕捉它從

未見過的同一句子的變體。

當 Siri 要告訴使用者執行命令的結果時，要把執行的結果（文字）轉化為語音輸出，這個過程需要用到語音合成技術。語音合成是透過機械的、電子的方法產生人造語音的技術。它將電腦自己產生的或外部輸入的文字資訊轉變為可以聽得懂的、流利的口語輸出。要想處理使用者千奇百怪的請求，並回應最相配的結果，仍然不是一件簡單的事情，需要用到的技術包括網頁搜尋技術、知識搜尋技術、知識庫技術、問答以及推薦技術等。

Siri 還含有記憶功能，這使得它能在個性化方面做得非常出色。在和使用者溝通過程中，如果一臺機器能夠叫出你的名字，並且知曉你的個人愛好，使用者體驗無疑是非常優異的。從具體技術方法上，Siri 是透過在內部保持兩個記憶系統：長期記憶系統和短期記憶系統來實現能夠個性化的和使用者交流的。長期記憶系統儲存了使用者的名稱、居住地址以及歷史偏好資訊，短期記憶系統則將最近一段時期內 Siri 和使用者的對話紀錄及 GUI 點選紀錄等登記下來。利用這兩個記憶系統，Siri 可以在理解使用者需求的時候幫助澄清使用者的真正意圖是什麼。

Siri 是人工智慧技術的應用典範。不僅是 Siri，人工智慧現在遍布蘋果公司的所有產品和服務。蘋果公司利用深度學習技術檢測蘋果公司商店的欺詐行為，延長所有設備的電池續航時間，並幫助其從測試人員的數千份報告中找出最有用的反饋。人工智慧幫助蘋果公司為您選擇新聞故事。它決定了 Apple Watch 使用者是在鍛鍊還是只是在移動。它可以辨識照片中的臉部和位置。它甚至知道什麼是好的電影製作，讓 iPhone 只需按一下按鈕即可快速將快照和影片編輯成迷你電影。

Siri 的聲音之爭是個有趣的話題。2005 年 7 月，Susan Bennett 提供了 Siri 最初的美國聲音，並沒有意識到它最終將用於語音助理。直到一位朋友在 2011 年透過電子郵件發送給她，Bennett 才意識到她已成

為 Siri 的聲音。雖然 Apple 從未承認 Bennett 是 Siri 的原始聲音，但 CNN 的音訊專家證實了這一點。最初的英國男聲是由前技術記者喬恩布里格斯 (Jon Briggs) 提供的。後來，透過 iOS 11，Apple 試聽了數百名候選人以尋找新的女性聲音，然後錄製了數小時的演講，包括不同的個性和表情，利用深度學習技術為 iOS 11 開發了一種新的女聲。

2.3.6 應用展望

儘管深度學習在語音辨識、圖像辨識等很多領域已經獲得了令人矚目的成就，但無論在應用還是理論上都還有極大的探索空間。

在這一波熱潮中，人工智慧研究可以往兩個方向發展：

第一是人工智慧的具體應用。即如何更廣泛、更高效能的把人工智慧應用到某個具體場景中。從圖像辨識、自然語言處理的進展來看，深度學習已經使機器像人類一樣能「看」、能「聽」、能「說」。但除了模仿人類之外，我們更希望人工智慧能夠超越人類，能幫助人類預測天氣、預測股票、甚至發現新的數學或物理定律等。因此，深度學習在應用上還有很長的路要走。

第二是人工智慧理論研究的突破。這主要是指對抗學習、遺傳演算法、進化學習和強化學習理論的突破。目前的機器人通常只能在訓練完成後才能使用，而且在不更改模型結構的情況下不能學習和實現其他功能，如 AlphaGo，只能下圍棋，還不能真正做到自主學習。

在基礎理論方面，在目前的深度學習架構中，網路層數、神經元的種類和個數等超參數的設定和調節仍然非常依賴人的經驗。如何把深度學習過程和人類已經累積的大量高度結構化知識融合，發展出邏輯推理甚至自我意識等人類的高階認知功能，是下一代深度學習的核心理論問題 [5]。

現在流行一個所謂「奇點」的理論，認為人工智慧的發展很快將迎

來一個重要瓶頸，或者說一個「奇點」——機器智慧超過人類智慧的那一刻，或者說智慧爆炸、人工智慧超越初始製造它的主人的智慧的那一刻。在突破這個「奇點」後人工智慧就將實現飛躍，人類將能夠創造真正的人工智慧，即到達「強智慧時代」。因此，人們對關於人工智慧的擔憂也是愈演愈烈。霍金在 2017 年 11 月的一次演講中說：「人工智慧可能是人類文明史上最糟糕的一件事。」、「不要發展得太快。」比爾蓋茲（Bill Gates）說：「人類需要敬畏人工智慧的崛起。」馬斯克（Elon Musk）稱：「人工智慧是人類生存最大威脅。」

人們的擔心主要有以下三種。

（1）機器會取代人類嗎？人工智慧的出現，可能會使一批人失業。人們擔心，人工智慧在工業、醫療等行業的大規模應用會取代一部分勞動力，造成失業率的提升。不過 MGI 的研究成果顯示，長遠來看，人工智慧技術對淨就業人數的影響並不顯著。據 MGI 預測，到 2030 年，業界對人工智慧的投資能增加 5% 的就業職位。而人工智慧技術會刺激財富成長，進而增加了勞動力需求，能再增加 12% 的就業職位。

（2）機器會控制人類嗎？不少人還對威爾史密斯（Will Smith）主演的科幻大片《機械公敵》中，機器人背叛人類的場景記憶猶新，那麼，隨著人工智慧技術的發展，機器真的會成為不受人類控制的可怕武器嗎？雨果‧德‧加里斯（Hugo de Garis）教授便是「人工智慧威脅人類」觀點的擁護者，他曾經預測人工智慧的「災難」也許在五十年後就會降臨。而未來學家雷蒙‧庫茲維爾（Raymond Kurzweil）則認為人工智慧會在 2045 年達到技術「超驗駭客」，人類會借助人工智慧獲得「永生」。

（3）使用人工智慧真的安全嗎？不久前，《麻省理工學院技術評論》（MIT Technology Review）發表了一篇題為〈如果人工智慧最終殺死了一個人，該誰負責？〉的文章，這篇文章提出了一個問題：如果

自動駕駛汽車撞擊並殺死了一個人，應該適用什麼樣的法律呢？在這篇文章發表僅一週之後，一輛自動駕駛的 Uber 汽車在亞利桑那州撞死了一名女子。

以上問題會在第 4 章探討。

2.4 參考文獻

[1] McCarthy J., Minsky M. L., Rochester N., et al. A proposal for the dartmouth summer research project on artificial intelligence, august 31, 1955[J]. AI magazine, 2006, 27 (4): 12.

[2] Rosenblatt F. The Perceptron: A Probabilistic Model for Information Storage and Organization in the Brain[J]. Psychological Review, 1958, 65 (6) : 386-408.

[3] Rosenblatt Frank Principles of Neurodynamics: Perceptrons and the Theory of Brain Mechanisms[J]. The American Journal of Psychology, 1963.

[4] 李航‧統計學習方法 [M]‧北京：清華大學出版社，2012.

[5] 集智俱樂部‧科學的極致：漫談人工智慧 [M]‧北京：人民郵電出版社，2015.

[6] 邵軍力，張景‧人工智慧基礎 [M]‧北京：電子工業出版社，2000.

[7] Kohonen T. The self-organizingmap[J]. Proceedings of the IEEE, 1990, 78 (9) : 1464-1480.

[8] Hopfield J. J.. Neural networks and physical systems with emergent collective computational abilities[J]. Proceedings of the National Academy of Sciences of the USA, 1982, 79 (8) 2554-2558.

[9] Hinton G. E., Sejnowski T. J.. Learning and relearning in Boltzmann

machines[J]. Paralleldistributed processing: Explorations in the microstructure of cognition, 1986, 1: 282-317, 2.

[10] Hinton G. E., Salakhutdinov R. R.. Reducing the Dimensionality of Data with Neural Networks[J]. Science. 313 (5786) : 504-507.

[11] Hochreiter S., Schmidhuber J.. Long short-term memory[J]. Neural computation, 1997, 9 (8) : 1735-1780.

[12] Rumelhart D. E., Hinton G. E., Williams R. J.. Learning representations by backpropagating errors[J]. Nature, 1986, 323 (6088) : 533-536.

[13] Hinton G. E., Salakhutdinov R. R.. Reducing the dimensionality of data with neural networks[J]. Science, 2006, 313 (5786) : 504-507.

[14] Cortes C., Vapnik V.. Support-vector networks[J]. Machine Learning, 1995, 20 (3) : 273-297.

[15] 尼克 · 人工智慧簡史 [M] · 北京：人民郵電出版社，2017.

[16] Bengio Y., Lamblin P., Popovici D., et al. Greedy layer-wise training of deep networks[C]. Advances in neural information processing systems, 2007: 153-160.

[17] Hubel D. H., Wiesel T. N.. Receptive fields, binocular interaction and functional architecture in the cat's visual cortex[J]. The Journal of physiology, 1962, 160 (1) : 106-154.

[18] Fukushima K., Miyake S.. Neocognitron: A self-organizing neural network model for a mechanism of visual pattern recognition[M]. Berlin, Heidelberg: Springer, 1982: 267-285.

[19] LeCun Y., Boser B., Denker J. S., et al. Backpropagation applied to handwritten zip code recognition[J]. Neural computation, 1989, 1 (4) : 541-551.

[20] LeCun Y., Bottou L., Bengio Y., et al. Gradient-based learning applied

to documentrecognition[J]. Proceedings of the IEEE, 1998, 86 (11) : 2278-2324.

[21] He K., Zhang X., Ren S., et al. Delving deep into rectifiers: Surpassing human-level performance on imagenet classification[C]. Proceedings of the IEEE international conference on computer vision, 2015: 1026-1034.

[22] Ren S., He K., Girshick R., et al. Faster r-cnn: Towards real-time object detection with region proposal networks[C]. Advances in neural information processing systems, 2015: 91-99.

[23] Zheng S., Jayasumana S., Romera P B., et al. Conditional random fields as recurrent neural networks[C]. Proceedings of the IEEE international conference on computer vision, 2015: 1529-1537.

[24] Mnih V., Kavukcuoglu K., Silver D., et al. Human-level control through deep reinforcement learning[J]. Nature, 2015, 518 (7540) : 529.

[25] Van Hasselt H., Guez A., Silver D.. Deep reinforcement learning with double q-learning [C]. Thirtieth AAAI Conference on Artificial Intelligence, 2016.

[26] Wang Z., Schaul T., Hessel M., et al. Dueling network architectures for deep reinforcement learning[J]. arXiv preprint arXiv: 1511. 06581, 2015.

[27] 郭瀟逍，李程，梅俏竹·深度學習在遊戲中的應用 [J]·自動化學報，2016，42（5）: 676-684.

[28] Minsky M., Papert S.. Perceptrons: An Introduction to Computational Geometry. Cambridge, Mass: MIT Press, 2017.

[29] Piero Scaruffi. 智慧的本質：人工智慧與機器人領域的 64 個大問題 [M]·

任莉，張建宇，譯·北京：人民郵電出版社，2017.

[30] 喬治·戴森·圖靈的大教堂：數字宇宙開啟智慧時代 [M]·盛楊燦，譯·杭州：浙江人民出版社，2015：53-77.

[31] 工程師兵營·華裔人工智慧界女科學家的勵志人生·[EB/OL]（2017-01-29）[2019-01-29].

[32] 東西二王·看了這篇文章才發現，之前對深度學習的了解太淺了·[DB/OL].（2019-08-15）[2019-08-15].

[33] 李開復，王詠剛·人工智慧 [M]·北京：文化發展出版社，2017.

第 3 章
一騎絕塵去
——經典人機博弈大戰

　　棋類遊戲是人類智慧的結晶，自古以來就有著廣泛的愛好者族群，也誕生了一代又一代的偶像級棋王。棋類遊戲作為人工智慧研究的首選對象，不僅是因為棋類遊戲規則清晰，勝負判斷一目瞭然，還因為其更容易在愛好者族群中產生共鳴，因此人工智慧研究者前赴後繼的投身到對不同棋類遊戲的挑戰中。而機器博弈的水準實際上代表了當時電腦體系架構與電腦科學的最高水準。

　　早在 1962 年，就職於 IBM 公司的亞瑟·塞謬爾就在記憶體僅為 32KB 的 IBM 7090 電晶體電腦上，開發出了西洋跳棋（Checkers）AI 程式，並因其擊敗了當時全美最強的西洋跳棋選手之一而引起了轟動。值得一提的是，塞謬爾研製的西洋跳棋程式是世界上第一個有自主學習功能的遊戲程式，因此他也被後人稱為「機器學習之父」。

　　然而，真正引起人們廣泛關注的機器博弈里程碑事件是 1997 年 IBM 公司「深藍」（Deep Blue）戰勝世界西洋棋棋王卡斯帕洛夫，這是基於知識規則引擎和強大的電腦硬體的人工智慧系統的勝利；2011 年 IBM 公司的問答機器人「華生」在美國智力問答競賽節目中大勝人類冠軍，這是基於自然語言理解和知識圖譜的人工智慧系統的勝利；2016 年 Google 公司的 AlphaGo 戰勝了圍棋世界冠軍李世乭，AlphaGo 的升級版 Master 又在 2017 年初橫掃全球 60 位圍棋頂尖高手，這是基於蒙特卡羅樹搜尋和深度學習的人工智慧系統的勝利。這三次人機大戰都引起了公眾的極大關注，並推動了人工智慧技術的快速發展。下面我們就重溫一下這幾次精彩的人機大戰，並透過比賽的喧囂看一看大戰背後機器博弈技術的進步和發展歷程。

3.1 西洋跳棋

　　西洋跳棋是一種在 8×8 格的兩色相間的棋盤上進行的技巧遊戲，

以吃掉或堵住對方所有棋子去路為勝利。棋子每次只能向斜對角方向移動，但如果斜對角有敵方棋子並且可以跳過去，那麼就把敵方這個棋子吃掉。

3.1.1 大戰回顧

· 1956 年 2 月 24 日，塞謬爾在 IBM704 電腦上設計的西洋跳棋程式和美國康乃狄克州的西洋跳棋冠軍進行公開對抗賽，西洋跳棋程式獲勝。

· 1959 年，塞謬爾設計的西洋跳棋程式擊敗塞謬爾本人。

· 1962 年 6 月 12 日，塞謬爾在 IBM7090 電腦上設計的西洋跳棋程式和當時全美最強的西洋跳棋選手之一羅伯特·尼雷（R. W. Nealey）對抗，並讓尼雷首先選擇進攻還是防禦，西洋跳棋程式擊敗羅伯特·尼雷。

3.1.2 亞瑟·塞謬爾與羅伯特·尼雷

　　亞瑟·塞謬爾，1901 年出生於美國堪薩斯州的恩波利亞（Emporia，Kansas）。1923 年大學畢業後進入麻省理工學院讀研究所，1926 年獲得碩士學位並留校工作。兩年後加入貝爾實驗室，從事電子器件和雷達技術的研究。在貝爾實驗室工作 18 年之後，塞謬爾離開貝爾實驗室到伊利諾大學任教，積極參與了該校研製電腦的工作，並開始了對機器學習的研究和下棋程式的編寫。在伊利諾大學僅工作了 3 年之後，1949 年塞謬爾轉至 IBM 公司在波啟浦夕的研發實驗室工作，參與 IBM 第一臺大型科學電腦 701 的開發。1952 年塞謬爾設計的第 —— 個下棋程式在 IBM701 上實現。1954 年他把程式移植到 IBM704 上。1956 年 2 月 24 日塞謬爾的下棋程式和康乃狄克州的西洋跳棋冠軍進行公開對抗並獲勝，比賽實況透過電視向全美轉播。1962 年 6 月 12 日塞謬爾的下棋程

式與美國最著名的西洋跳棋選手之一羅伯特・尼雷對戰，並讓尼雷首先選擇進攻還是防禦，結果走到第 32 步尼雷就投子認輸。賽後尼雷承認，電腦走得極其出色，甚至沒有一步失誤。這是他自 1954 以來 8 年中遇到的第一個擊敗他的「對手」。

3.1.3 核心技術：自我對弈

透過自我對弈學習評價函數是西洋跳棋 AI 程式的核心技術，自我對弈學習評價函數的基本原理是利用兩個副本進行對弈，學習線性評價函數每個特徵的權重，其中一個副本使用固定的評價函數來學習特徵的權重，另一個副本則是透過與使用極小化極大（minimax search）演算法作對比來學習特徵的權重。事實上，後來的 AlphaGo 圍棋 AI 程式以及深度學習領域的生成對抗網路（GAN）都採用了類似的思想。雖然塞謬爾開發的西洋跳棋 AI 程式使用了大量的領域知識，並做了一些簡化的假設，但塞謬爾的工作是早期人工智慧的一個里程碑，是不置可否的。如今 AI 程式的核心演算法仍然採用了塞謬爾工作中所使用的強化學習和對抗學習的思想。

1. 極小化極大演算法

極小化極大演算法是最基本和最典型的窮盡搜尋方法之一，它奠定了電腦博弈的理論基礎。該演算法的搜尋策略是考慮雙方對弈若干步之後，從可能的步中選一步相對好的步法來走，即在有限的搜尋深度範圍內進行求解。

定義一個靜態估價函數 f，以便對棋局的態勢做出優劣評估。以 MAX 表示電腦方，MIN 表示對手方，p 表示局勢，$f(p)$ 是根據當前局勢做出的估計函數。則

$f(p)$ >0 表示對 MAX 有利的局勢。

$f(p)$ <0 表示對 MIN 有利的局勢。

$f(p)$ =0 表示局勢均衡。

該演算法的基本思想如下：

（1）輪到 MIN 走步時，MAX 應考慮最壞的情況，也即 $f(p)$ 取極小的情況。

（2）輪到 MAX 走步時，MAX 應考慮最好的情況，也即 $f(p)$ 取極大的情況。

（3）相應於兩位棋手的對抗策略，不同層交替的使用（1）和（2）兩種方法向上傳遞倒推值。

2. 演算法最佳化：α-β剪枝演算法[1]

上述的極小化極大演算法中有個致命的弱點，就是非常暴力的搜尋，導致效率不高，特別是當搜尋的深度加大時，會有明顯的延遲，而 α-β 演算法的引入可以提高運算效率。事實上，在 MIN、MAX 不斷的倒推過程中是存在關聯的，當它們滿足某種關係時，後續的搜尋是多餘的，對一些非必要的估計值可以進行捨棄。其策略是進行深度優先搜尋，當生成節點到達規定深度時，立即進行靜態估計，一旦某一個非端點的節點可以確定倒推值的時候立即賦值，以節省後續其他分支拓展到節點的搜尋開銷。

剪枝規則如下。

（1）α 剪枝，任一極小層節點的 β 值不大於它任一前驅極大值層節點的 α 值，即 α（前驅層）≥ β（後繼層），則可以終止該極小層中這個 MIN 節點以下的搜尋過程。這個 MIN 節點的倒推值確定為這個 β 值。

（2）β 剪枝，任一極大層節點的 α 值不小於它任一前驅極小值層節點的 β 值，即 β（前驅層）≤ α（後繼層），則可以終止該極大值層中這個 MAX 節點以下的搜尋過程。這個 MAX 節點的倒推值確定為這個 α 值。

3.2 西洋棋

西洋棋起源於亞洲，後由阿拉伯人傳入歐洲，成為國際通行棋種，也是一項受到廣泛喜愛的智力競技運動。據稱全世界有多達 3 億的西洋棋愛好者，甚至在 1924 年一度被列為奧林匹克運動會正式比賽項目。

西洋棋棋盤由橫、縱各 8 格、顏色一深一淺交錯排列的 64 個小方格組成，棋子共 32 個，分為黑、白兩方，每方各 16 個。和 8×8 的西洋跳棋相比，西洋棋的狀態複雜度（指從初始局面出發，產生的所有合法局面的總和）從 1021 上升到 1046，博弈樹複雜度（指從初始局面開始，其最小搜尋樹的所有葉子節點的總和）也從 1031 上升到 10123。人工智慧研究者對西洋棋的挑戰持續了半個世紀（見圖 3-1）。

圖 3-1 西洋棋的人機之戰

3.2.1 西洋棋大戰回顧

· 1958 年，名為「思考」的 IBM704 成為第一臺能與人下西洋棋的電腦，處理速度每秒 200 步，但是在人類棋手面前被打得丟盔卸甲。

· 1973 年，B. Slate 和 Atkin 成功開發了西洋棋軟體 CHESS4.0，成為未來西洋棋 AI 程式的基礎，1979 年，西洋棋軟體 CHESS

4.9 達到專家級水準。

- 1983 年，Ken Thompson 開發了西洋棋硬體 BELLE，它由數百個晶片組成，造價僅為 2 萬美元，每秒可計算 18 萬步，達到大師級水準。

- 1987 年，美國卡內基美隆大學設計的西洋棋電腦程式「深思（Deep Thought）」以每秒 75 萬步的處理速度露面，其水準相當於擁有 2,450 國際等級分的棋手。

- 1988 年，「深思」擊敗丹麥特級西洋棋大師拉爾森（Larsen）。

- 1989 年，「深思」已經有 6 臺資訊處理器，每秒處理速度達到 200 萬步，但還是在與世界西洋棋棋王卡斯帕洛夫的人機大戰中以 0：2 敗北。

- 1990 年，「深思」第二代產生，使用 IBM 的硬體，吸引了前世界西洋棋棋王卡爾波夫（Karpov）與之對抗，擅長局面型弈法的卡爾波夫非贏即和棋。

- 1991 年，由 CHESSBASE 公司研製的西洋棋電腦程式「弗里茨」問世。

- 1993 年，「深思」二代擊敗了丹麥西洋棋國家隊，並在與前女子世界冠軍小波爾加（Polgár）的對抗中獲勝。

- 1995 年，「深思」更新程式，新的積體電路將其思考速度提高到每秒 300 萬步。

- 1996 年，「深藍」誕生，其棋力（性能）高於「深思」數百倍，首次挑戰西洋棋世界冠軍卡斯帕洛夫，最終以 2：4 落敗。

- 1997 年，「深藍」的升級版「更深的藍」開發出了更加高階的「大腦」，4 名西洋棋大師參與 IBM 的挑戰小組，為電腦與卡斯帕洛夫重戰出謀劃策，最終「更深的藍」以 3.5：2.5 的總比分戰勝卡斯帕洛夫。

· 1999 年，「弗里茨」升級為「更弗里茨」，在 2001 年，「更弗里茨」更新了程式，擊敗了卡斯帕洛夫、阿南德（Anand）以及除了克拉姆尼克（Kramnik）之外的所有排名世界前 10 位的西洋棋棋手。

· 2002 年 10 月，「更弗里茨」與克拉姆尼克在巴林進行「人機大戰」，思考速度為每秒 600 萬步，雙方戰成 4：4 平。

· 2003 年 1 至 2 月，由兩位以色列電腦專家研究出的「更年少者」與卡斯帕洛夫舉行人機大戰，雙方 3：3 戰平。

· 2003 年 11 月，世界排名第一的棋手卡斯帕洛夫與計算能力強大的「X3D —— 弗里茨」電腦戰成 2：2 平。

· 2005 年 1 月，阿達姆斯（ADAMS）以 0.5：5.5 輸給 Hydra。

3.2.2 大戰卡斯帕洛夫

加里・卡斯帕洛夫（見圖 3-2），1963 年 4 月 13 日出生於亞塞拜然首都巴庫市，是著名西洋棋棋手，西洋棋特級大師，曾 11 次榮膺西洋棋選手的最高榮譽「奧斯卡獎」。卡斯帕洛夫 6 歲便開始下棋，13 歲斬獲全國青年賽冠軍，15 歲成為國際大師，16 歲獲世界青年賽第一名，17 歲晉升國際特級大師，在 22 歲時成為世界上最年輕的西洋棋冠軍，是第 13 位西洋棋世界冠軍，此後又數次衛冕成功。

圖 3-2 加里・卡斯帕洛夫

卡斯帕洛夫棋風犀利，進攻性強，在賽場上也經常表現得咄咄逼人，外號「巴庫的野獸」。他具有異常敏銳的感知判斷力，能夠透過一

些戰術性的接觸，出人意料的改變棋局的自然進程，甚至經常採取大膽棄子、疾進反擊的策略贏得比賽。他曾在 1999 年 7 月創造了西洋棋聯國際等級分的歷史最高紀錄，等級分高達 2,851 分。他是西洋棋史上的奇才，被譽為「棋壇巨無霸」。在多年的職業生涯中，卡斯帕洛夫保持世界排名第一的地位長達 20 年之久，毫無疑問，卡斯帕洛夫的棋藝代表世界最高水準，也可以代表人類棋藝的最高水準。不僅如此，在與「深藍」對弈時，卡斯帕洛夫也正處於職業生涯的黃金時期（見圖 3-2 ）。

1. 首次西洋棋人機大戰 [2]

1995 年，許峰雄研究出了「深藍」所使用的象棋晶片；1996 年，在許峰雄、莫瑞‧坎貝爾（Murray Campbell）、喬‧赫內（Joe Hoane）堅韌不拔的努力下，一臺全新的超級電腦「深藍」誕生，它以 IBM 的 RS/6000 SP 超級電腦作為主機，包括 32 個中央處理器，整合了研究小組設計的 216 個 VLSI 西洋棋專用處理晶片，運算速度達到每秒 1 億棋步。1996 年，是首臺通用電腦 ENIAC 誕生 50 週年，而 ENIAC 是在費城附近製造出來的，因此，美國電腦協會決定於 2 月 10 ～ 17 日在費城舉行一場別開生面的西洋棋比賽，一是為了紀念 ENIAC 誕生 50 週年，二是同時把這場西洋棋人機大戰作為美國電腦協會成立 50 週年大慶的一部分。比賽在費城會議中心舉行，比賽室是一間演講廳，演講廳內搭了一個舞臺，廳內安置了幾臺攝影機用於為觀眾提供現場鏡頭，買票的觀眾則在演播室內觀看轉播。IBM 研究中心負責提供本次比賽 50 萬美元的總獎金，其中 40 萬美元給贏者，10 萬美元給輸者，而「深藍」所得的獎金則將返回 IBM 公司，用於資助更多的研究。

1996 年 2 月 10 日第一局比賽開始，「深藍」執白棋，加里執黑棋。面對棋王而坐的並不是電腦，而是「深藍」研製小組的代表許峰雄，由他擔任賽場操作員。本盤比賽「深藍」以 e4 開局，加里則走了常規的西

西里防禦走法 c5，「深藍」立刻以 c3 應對；加里第 10 步走了 Bb4，使「深藍」離開了開局庫；「深藍」第 13 步走了 Nb5 來進攻加里，這讓加里大吃一驚，加里最後走了 Qe7（見圖 3-3）。這時起，由於加里的局勢每況愈下，於是他決定孤注一擲，發起了窮凶極惡的進攻。隨著時間的推移，加里的攻勢越來越猛，眼看加里只需要一步自由移動就可以扭轉局勢，然而就在這時，「深藍」也發動了自己的進攻。到最後幾步棋時，加里大勢已去，在「深藍」走出第 37 步後便舉手認輸。這是電腦第一次在與人類頂尖選手的對弈中獲得勝利。

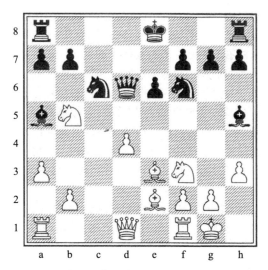

圖 3-3　第一局「深藍」第 13 步之後的棋局

　　1996 年 2 月 11 日進行第二局比賽，加里執白棋，「深藍」執黑棋。第二盤的開局很簡單，在第 2 步時，「深藍」就離開了它的開局庫；加里在 18 步走了 Bg5，他是想讓「深藍」吃兵，以替他製造發動猛烈進攻的機會，但是「深藍」並沒有上當；加里在第 19 步棋時放棄了一個兵，緊接著雙方開始了一系列兌子；加里局勢明顯占優，到殘局時，棋盤上雙方各有一個象和一個后，並且雙方的象位於不同顏色的格子中；後來，加里精心設計了一個漫長而巧妙的部署，使其淨賺到一個兵；少了一個

兵後，「深藍」大勢已去，在第 73 步時，「深藍」認輸。

1996 年 2 月 13 日進行第三局比賽，「深藍」執白棋，加里執黑棋。前 6 個回合棋子的走法都與第一盤比賽一樣；「深藍」在第 12 步走了 Ne5 後，離開開局庫；在第 18 步時，特技大師喬爾‧本傑明（Joel Benjamin）以為「深藍」會走 Be5 以製造一個潛在的攻勢，然而「深藍」早已意識到加里對 Be5 走法有老道的破解之術，它轉而選擇了 Rfc1 走法，同時也就喪失了進攻的機會；隨後「深藍」又走出幾步看起來不像人類棋手走的棋後，大家意識到「深藍」並未輸，甚至局勢還稍稍占優；到第 39 步時，雙方都認為再走下去也分不出高低，同意和棋。

1996 年 2 月 14 日進行第四局比賽，加里執白棋，「深藍」執黑棋。「深藍」開局採用斯拉夫防禦；在「深藍」第 21 步走了 b5 後，許峰雄離開座位去了洗手間；加里第 22 步走法思考了很長時間，在其思考期間，即使許峰雄已從洗手間回到比賽室，但仍不能回到比賽桌（這是比賽規則所定），直到加里走了 f5 後（見圖 3-4），許峰雄才回到比賽桌，他將加里走的 f5 輸入到處於「螢幕保護」模式的「深藍」，由於

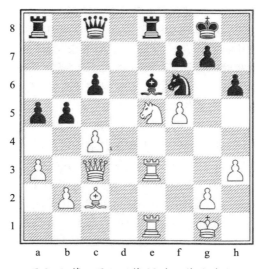

圖 3-4 第四局加里第 22 步之後的棋局

「深藍」在螢幕保護模式下將 f5 中的 f 視為一個喚醒機器的字符,故「深藍」只接收到了一個「5」,這致使「深藍」程式崩潰,「深藍」研究小組人員立即重啟程式,重啟後,「深藍」快速的以 B×c4 應對,這一步使加里失去了大部分的開局優勢;加里第 34 步走了 Bc6,「深藍」則走了 c4 應對,即將 c 列的一個弱兵推進了一格,這個兵呈現將殺之勢;到了比賽殘局,即使加里吃掉了「深藍」最後一個后翼兵,「深藍」局勢仍占優,但加里也找到了最好的應對方法,用他的車換掉了「深藍」有實力的馬;到第 50 步時,雙方同意和棋。四盤比賽後,雙方各得兩分,不分勝負。

1996 年 2 月 16 日進行第五局比賽,「深藍」執白棋,加里執黑棋。許峰雄擔任賽場操作員,與第一盤和第三盤一樣,「深藍」以 c4 開局,加里並沒有採用西西里防禦的常規走法,而是走了 e5;接著,「深藍」第 2 步走了 Nf3,加里以 Nf6 應對,原本加里希望使用彼得羅夫防禦,但「深藍」避開了,轉而進入了蘇格蘭四馬開局;到第 23 步時,加里局勢稍稍占優(見圖 3-5),之後,他提出了和棋;由於和棋請求需要「深

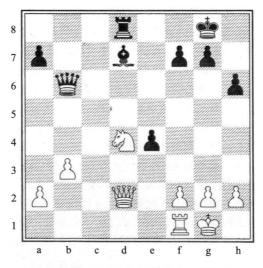

圖 3-5 第五局加里第 23 步之後的棋局

藍」小組商定，當許峰雄打電話告訴屋內其他隊員加里提出和棋請求時，隊員們都對這麼早就提出和棋感到驚訝，而「深藍」並不知道加里已提出和棋請求，它已經決定好了下一步要走的棋，而裁判突然做出了一個裁決，要麼立即接受和棋請求，要麼按照「深藍」決定好的走法走棋，這個裁決迫使「深藍」小組立刻做出了拒絕和棋的決定；隨著比賽的進行，「深藍」局勢每況愈下，到第 47 步時，許峰雄替「深藍」舉手認輸。

1996 年 2 月 17 日進行第六局比賽，加里執白棋，「深藍」執黑棋。本盤比賽遵循的是半斯拉夫防禦的一般路線；接著加里故意變換了走法，使「深藍」離開了開局庫；「深藍」在第 30 步時犯了最後一個重大局面錯誤，它走了 Bb8，即把象移到了 b8，使 b8 的象和 a8 的車都陷入了困境，在加里第 43 步走了 Rb4 後，「深藍」損失慘重，大勢已去，「深藍」認輸。

在 6 局的人機對弈比賽中，「深藍」並未占到什麼便宜，棋王加里‧卡斯帕洛夫以 4：2（3 勝、2 和、1 負的戰績）的總比分輕鬆獲勝，獲得了 40 萬美元的高額獎金。人戰勝了電腦，首次西洋棋人機大戰落下帷幕。但「深藍」贏得了六場比賽中的一場勝利，這也是電腦第一次在與人類頂尖選手的對弈中獲得勝局。

「深藍」計畫源於許峰雄（見圖 3-6）在美國卡內基美隆大學讀博士學位時的研究。1985 年許峰雄博士展開了「人機博弈」的研究，研製的第一臺名為「晶片測試」的電腦，在 1987 年美國電腦協會西洋棋錦標賽上獲得了冠軍。1988 年他又研製另一臺超級電腦「沉

圖 3-6 許峰雄

思」（名字源於英國科幻作家道格拉斯‧亞當斯（Douglas Adams）的《銀河系便車指南》），晶片工藝的線寬是 3μm，這也是他設計的第一臺真正的弈棋機。1989 年許峰雄和他的同學莫瑞‧坎貝爾加入了 IBM 公司的研究部門，他們在其他電腦科學家的幫助下繼續超級電腦的研究工作，並致力於平行運算問題的研究。

　　1992 年時任 IBM 超級電腦研究計畫主管的譚宗仁領導研究小組開發專門用於分析西洋棋的「深藍」超級電腦。「深藍」的名字源自其雛形電腦「沉思」及 IBM 的暱稱「巨藍（Big Blue）」，由兩個名字合併而成。「深藍」的程式運行於 IBM 著名的 RS6000 系統，使用 C 語言編寫，運行系統為 AIX，「深藍」電腦雖然有著高速計算的優勢，但是它卻不能像人一樣總結經驗，在隨機應變方面，與以西洋棋為職業的世界棋王卡斯帕洛夫相比，還是具有一定的差距。

　　第一次對決落敗之後，IBM 對「深藍」電腦進行了升級，97 型「深藍」取名「更深的藍」，許峰雄為「更深的藍」設計了新款的西洋棋晶片；替西洋棋晶片增加了一個複現局面檢測器；設計了一個全新的評價函數，這個評價函數提供了許多強大的新特徵；同時也對王的安全的評價邏輯進行了大規模的重新設計。1996 年版本的「深藍」喜歡把它的象放在一條沒有兵阻擋的斜線上（即開放的斜線），它不知道其實也可以把兵放在一條封閉的斜線上，只要開放斜線的選擇權仍存在即可。在 97 型深藍中，透過修改西洋棋晶片徹底解決了這一問題，這一修改改善了「深藍」對象和車等對象的處理能力，「更深的藍」重達 1,270kg，包括 480 塊西洋棋晶片。與此同時，包括米格爾‧伊萊斯卡斯（Migul Illescas）、喬爾‧本傑明、尼克‧德‧菲爾米安（Nick De Firmian）、約翰‧費多洛維茲（John Fedorowicz）、拉里‧克里斯汀森（Larry Christiansen）和麥可‧羅德（Michael Rohde）在內的多位特級大師加盟研製小組，提高「深藍」在西洋棋知識方面的基本素養。他們運用

自己的棋藝知識，幫忙調整「更深的藍」比賽中可能用到的具體開局體系，協助調整機器的計算函數，提高它的「思考」效率和弈棋水準，還替它輸入了一百多年來優秀棋手對弈的上百萬個棋局，使它具有非常強的攻擊能力，在平淡的局面中也善於製造進攻機會。「更深的藍」計算能力為每秒 113.8 億次浮點運算，其運算能力在當時的全球超級電腦中能排在第 259 位，但即使按照一盤棋平均走 80 步，每步棋可能的落子位置為 35 個計算，其狀態複雜度和博弈樹複雜度也遠非超級電腦所能窮舉。為了在合理的時間內完成走棋任務，必須要進行剪枝搜尋。此外，由於「深藍」團隊豐富了西洋棋加速晶片中的西洋棋知識，使它能夠辨識不同的棋局，並從眾多可能性中找出最佳行棋方案。「更深的藍」每秒可檢索 1 億到 2 億個棋局，系統能夠搜尋和估算出當前局面往後的 12 步行棋方案，最多可達 20 步，而人類棋手的極限是 10 步。

2. 再度交鋒 [3]

1997 年 5 月，IBM 公司再次邀請加里・卡斯帕洛夫到美國紐約曼哈頓進行第二次人機大戰，這次比賽設置總獎金 110 萬美元，比賽冠軍獲得 70 萬美元，亞軍獲得 40 萬美元。比賽在紐約公平大廈（Equitable Center）舉行，攝影鏡頭全程監控，數以億計的媒體追蹤報導，觀眾則在與比賽舉行場地相隔幾層樓的地下劇場內透過電視螢幕觀看比賽，六場比賽中，大約容納 500 人的劇場每場都座無虛席，比賽同時在網路上全程直播，超過 400 萬人觀看了這次人機大戰。此次同樣是 6 盤棋制比賽。在前 5 局裡，卡斯帕洛夫為了避免在計算力方面用人腦與「更深的藍」進行直接較量，他採取了獨特的行棋策略來對付「更深的藍」，即選擇一些怪異的開局，儘量避免棋子過早的接觸。這種下法讓在場的專家們大吃一驚，不知「更深的藍」會怎樣應對。但是這個奇招並沒有獲得明顯的效果，不論對手使出怎樣奇怪的招數，「更深的藍」總是能

夠憑藉準確無誤的局面判斷和精確的計算給出最強的應手，讓對手感到「望塵莫及」的絕望。比賽中，卡斯帕洛夫贏了第一局，但第二局的完敗則讓卡斯帕洛夫深受打擊，在第三、第四、第五局連續三場和局後，卡斯帕洛夫的助手看見他坐在房間的角落裡，雙手捂面，彷彿已經失去了鬥志。最終前五局雙方 2.5：2.5 打平，在決勝局中，卡斯帕洛夫失去耐心，回到了「正常」的下法，但可能心理壓力過大，在第七回合就犯了一個不可挽回的低階錯誤後局勢急轉直下，在第 19 步就向「更深的藍」俯首稱臣，整盤比賽用時不到一個小時。下面就回顧一下這六場激動人心的比賽。

　　1997 年 5 月 3 日第一局比賽開始，加里執白棋，「更深的藍」執黑棋。由許峰雄擔任「更深的藍」的賽場操作員，許峰雄和加里面帶著微笑相互握手後落座。走了第 9 步棋之後，局面處於封閉狀態，進入陣地戰，接著，在第 10 步加里走了 e3 這一步不同尋常的棋，即把 e 直線上的兵向前移動了一格，這一步棋反映了加里採取了反電腦象棋走法；在第 14 步之後（見圖 3-7），「更深的藍」把直線 g 上黑王前面的兵前

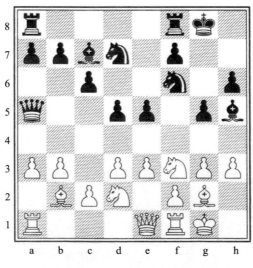

圖 3-7　第一局第 14 步之後的棋局

移，把直線 e 上的兵前移到橫排 5 上，使得 f5 變成了得不到臨近直線 e
和直線 g 上兵照應的弱格，雖然這個局面很糟糕，但加里在後面的 10 來
步棋中也沒有把馬跳到 f5 格上，也沒能輕易的利用 f5 格；「更深的藍」
第 22 步走了 g4，致使自己直線 g 上的兵和加里直線 h 上的兵兌子；「更
深的藍」第 28 步 f5 將比賽推入關鍵階段（見圖 3-8），「更深的藍」下
出了在此種局面下最好的走法，這讓所有人都感到震驚，加里則選擇了
跟對方吃虧的兌子的走法；然而，「更深的藍」第 33 步走了 Qb5 一步
錯棋，加里則走了 Qf1 來兌后。第 36 步之前雙方形勢已經明朗（見圖
3-9），原本「更深的藍」如果在第 36 步走 Ng4 的話可以求和，但「更
深的藍」卻在第 36 步走了 Kf8（這與其搜尋策略有關），這使得「更深
的藍」的形勢急轉直下，「更深的藍」第 44 步走了 Rd1，在加里應對之
後，「更深的藍」認輸。

　　1997 年 5 月 4 日進行第二局比賽，「更深的藍」執白棋，加里執黑
棋。本盤比賽開始時由莫瑞擔任賽場操作員，「更深的藍」開局第 1 步
走了 e4，加里則沒有走常規的西西里防禦走法，而是走了 e5，局面很快

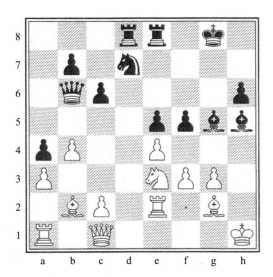

圖 3-8　第一局「更深的藍」第 28 步之後的棋局

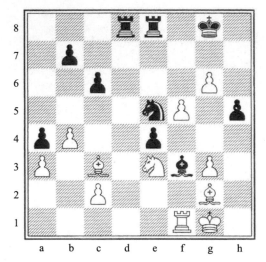

圖 3-9　第一局「更深的藍」第 36 步之前的棋局

變成了西班牙開局，這樣的開局使得「更深的藍」占據了空間優勢；「更深的藍」第 16 步走了 d5，這步棋封鎖了中心，形成了加里期盼的封鎖局面，現場的評論員都覺得局面對「更深的藍」不利，「更深的藍」很難下好；但「更深的藍」在第 24 步下出了「像人類下的」Rec1（見圖

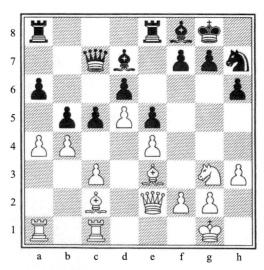

圖 3-10　第二局「更深的藍」第 24 步之後的棋局

3-10），加里不得已以封鎖直線 c 的 c4 應對，這一步使得加里再無機會
逆轉局面；「更深的藍」第 26 步走了 f4，為王翼開闢了第 2 個前線；加
里第 35 步棋後（見圖 3-11），「更深的藍」的賽場操作員由莫瑞換為許
峰雄，「更深的藍」第 36 步走了 a×b5，這一步使加里有些措手不及，「更
深的藍」37 步走了 Be4，在加里接下來的幾步棋之後，「更深的藍」的局
面越來越占優勢，在「更深的藍」第 45 步之後，加里突然舉手示意認輸。

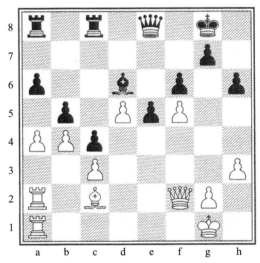

圖 3-11 第二局「更深的藍」第 36 步之前的棋局

1997 年 5 月 6 日進行第三局比賽，加里執白棋，「更深的藍」執黑
棋。本盤比賽開始時由喬擔任賽場操作員，加里第 1 步走了 d3，在前幾
步棋時，加里試圖把「更深的藍」騙入白方的西西里防禦開局，但「更
深的藍」憑藉第 4 步的 d6 成功的躲避了加里的設計；加里第 5 步走了
Nc3 後，比賽局面已轉回到英格蘭開局，「更深的藍」第 5 步以 Be7 應
對；在「更深的藍」第 14 步走了 c5 後，加里局面稍占優勢，「更深的
藍」局面則顯得非常穩固；隨著「更深的藍」第 22 步走了 Qa5（見圖
3-12），本盤比賽來到了第一個關鍵時刻。加里第 23 步以 Bd2 應對，
「更深的藍」則選擇本方能夠贏一個兵，但加里同時卻能獲得很大補償

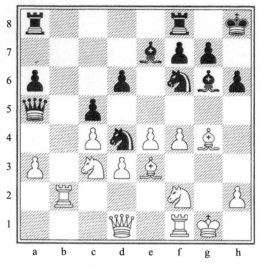

圖 3-12　第三局第 22 步之後的棋局

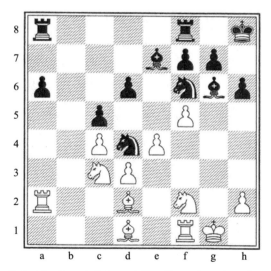

圖 3-13　第三局「更深的藍」第 26 步之前的棋局

的 Qa3；「更深的藍」第 26 步之前的局勢（見圖 3-13），當「更深的藍」第 26 步走了 Bh7 時，本盤比賽迎來了第二個關鍵時刻。此步後加里的白格象在後來大部分的時間裡都可以自由行動，此時的比賽局勢雙方基本持平；比賽中盤，「更深的藍」的賽場操作員由喬換為許峰雄，

在比賽的最後幾步棋中，雖然「更深的藍」的局面稍稍處於劣勢，但由於之前已經建立了牢不可破的堡壘，而加里的走法也沒有從實質上改變棋局，最後加里經過深思熟慮後提出了和棋。

　　1997 年 5 月 7 日進行第四局比賽，「更深的藍」執白棋，加里執黑棋。本盤比賽開始時由莫瑞擔任賽場操作員，「更深的藍」第 1 步走了 e4，加里以 c6 應對；加里的第 2 步竟然走了 d6（見圖 3-14），這讓所有人費解；加里第 20 步之前的棋局（見圖 3-15），到第 20 步時，「更深的藍」以為解決了所有開局問題正準備發起真正的進攻，然而，就在此時，加里第 20 步走了 e5 一步絕妙的好棋，這是一種棄兵走法；「更深的藍」第 26 步之前的棋局是這樣的（見圖 3-16），接下來，「更深的藍」在第 26 步走了在人們看來非常的奇怪的一步棋 b5，然而就是這步怪棋使局面開始明朗，「更深的藍」局面繼續惡化。在加里走了 43 步之後，「更深的藍」進行了自我中斷，需要重啟程式，自我中斷後，「更深的藍」的賽場操作員由莫瑞換為許峰雄；加里的第 43 步使「更深的藍」只有唯一的合理應棋；重啟之後局面看起來好了很多，「更深的藍」

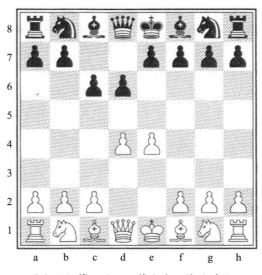

圖 3-14　第四局加里第 2 步之後的棋局

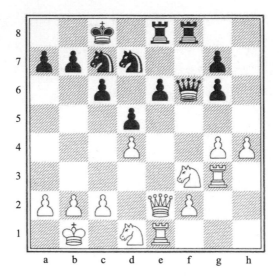

圖 3-15　第四局加里第 20 步之前的棋局

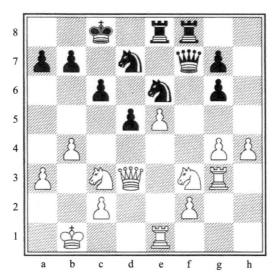

圖 3-16　第四局「更深的藍」第 26 步之前的棋局

的走法正指向和棋，此時的局面是王兵殘局；在「更深的藍」走了第 56 步後，加里沒有走棋，攤開雙手示意和棋。

1997 年 5 月 10 日進行第五局比賽，加里執白棋，「更深的藍」執

黑棋。本盤比賽由莫瑞擔任賽場操作員，加里回到了第一盤比賽中使用的基本開局，但稍微有些變化。「更深的藍」第 4 步用象兌掉了加里的馬，加里擁有了雙象的優勢，「更深的藍」則有了更好的子力布局；「更深的藍」第 11 步之前的棋局形勢是這樣的（見圖 3-17），「更深的藍」第 11 步走了高明的一步 h5，即把直線 h 上的兵前移兩格，這步棋在向加里挑釁「如果你進行王車短易位，我就攻擊你」，這一步著實讓加里大吃一驚；在「更深的藍」第 22 步棋後，它猜測自己略占優勢；然而到了第 40 步，它猜測雙方局勢持平，到了殘局（見圖 3-18），加里擁有一個貌似很難阻止的通路兵，但「更深的藍」卻試圖要將對方將死，加里擺脫了將死的威脅後，「更深的藍」無視通路兵，只是將王前移，加里試圖將他的通路兵升變為后，但最終未能如願，雙方同意和棋。

1997 年 5 月 11 日進行第六局比賽，「更深的藍」執白棋，加里執黑棋。本盤比賽由喬擔任賽場操作員，與第四盤一樣，本盤比賽以卡羅——卡恩防禦開局，而這次加里採用了主流變局，加里第 7 步走了 h6，「更深的藍」以 N×e6 應對，吃了一個兵，放棄了一個馬；接下

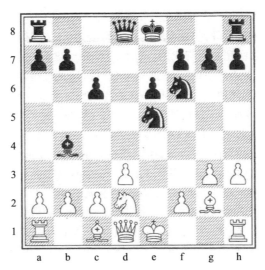

圖 3-17 第五局「更深的藍」第 11 步之前的棋局

來的幾步棋，雙方都按開局常規走法走得非常快；「更深的藍」在第 11 步 Bf4 時離開了開局庫，它對自己局勢的評價是大概占據了一個兵的優勢；在「更深的藍」放棄了一次快速獲得微弱優勢的機會並繼續發動攻勢時，加里的表情變得痛苦起來，在「更深的藍」第 19 步走了 c4 後，

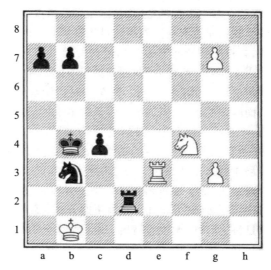

圖 3-18　第五局比賽殘局輪到白方行棋時的棋局

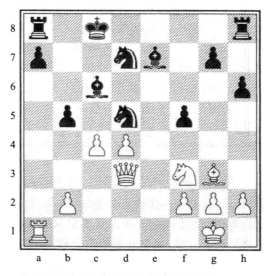

圖 3-19　第六局比賽最後的棋局

它的優勢變得非常明顯，接著，加里很快認輸（見圖 3-19）。

最終卡斯帕洛夫 1 勝 2 負 3 平，以 2.5：3.5 的總比分輸給「更深的藍」。「更深的藍」贏得了這場備受世人矚目的人機大戰，也象徵著西洋棋近 2,000 年的發展歷史走進了新時代。

「深藍」並不是終結，卡斯帕洛夫也沒有服氣。1999 年，「弗里茨」升級為「更弗里茨（Deep Fritz）」，並在 2001 年擊敗了卡斯帕洛夫，終於鎖定了人機對抗的勝局。當今西洋棋男子等級分排名最高的選手是出生於 1990 年的挪威特級大師卡爾森（Magnus Carlsen），他的等級分是 2,863 分，而至少有 10 款開源西洋棋引擎等級分達到了 3,000 分以上。人與機器的西洋棋之爭已勝負分明，西洋棋領域的人機博弈也畫上了句號，取而代之的是 2010 年開始舉辦的機機博弈——西洋棋引擎競賽 TCEC（Thoresen Chess Engine Competition）。

3.2.3 成功祕訣：西洋棋加速晶片

「深藍」電腦在硬體上將通用電腦處理器與象棋加速晶片相結合，採用混合決策的方法，即在通用處理器上執行運算分解任務，交給西洋棋加速晶片並行處理複雜的棋步自動推理，然後將推理得到的可能行棋方案結果返回通用處理器，最後由通用處理器決策出最終的行棋方案。97 型「深藍」與 96 型相比，運算速度差不多提高了兩倍，西洋棋加速晶片的升級功不可沒。升級後的西洋棋加速晶片能夠從棋局中抽取更多的特徵，並在有限的時間內計算出當前盤面往後 12 步甚至 20 步的行棋方案，從而讓「深藍」更準確的評估盤面整體局勢。

3.2.4 成功祕訣：知識規則引擎

「深藍」在軟體設計上採用了超大規模知識庫結合最佳化搜尋的方法。一方面，「深藍」儲存了西洋棋 100 多年來 70 萬份國際特級大師的

棋譜，能利用知識庫在開局和殘局階段節省處理時間並得出更合理的行棋方案；另一方面，「深藍」採用 Alpha-Beta 剪枝搜尋演算法和基於規則的方法對棋局進行評價，透過縮小搜尋空間的上界和下界提高搜尋效率，同時可根據棋子的重要程度、棋子的位置、棋子對的關係等特徵對棋局進行更有效的評價。

規則引擎是一種嵌入在應用程式中的組件，能夠實現將業務決策從應用程式代碼中分離出來，其核心是獲取 knowledge（知識）。此外，規則引擎使用產生式規則「IF<conditions>THEN<actions>Rule」表達邏輯將知識應用到特定的資料上。

3.3 智力問答

「深藍」在與卡斯帕洛夫的人機大戰之後就被物理拆除，除了帶動 IBM 公司的股價上漲之外，並沒有帶來直接的商業價值。在「深藍」之後，IBM 公司又選擇了一個新的領域—— DeepQA 挑戰人類極限。這一次 IBM 公司抱著雄心壯志，不僅把 DeepQA 項目看成一個問答遊戲系統，還將其稱為認知計算系統平臺。認知計算被定義為一種全新的計算模式，它包含資料分析、自然語言處理和機器學習領域的大量技術創新，能夠幫助人類從大量非結構化資料中找出有用的答案。IBM 公司對其寄予厚望，並用公司創始人 Thomas J. Watson 的名字將這個平臺命名為 Watson[3]。如果說「深藍」只是在做非常大規模的計算，是人類數學能力的展現，那麼 Watson 就是將機器學習、大規模並行計算、語義處理等領域整合在一個體系架構下來理解人類自然語言的嘗試。Watson 具有以下 4 個能力。

（1）理解（understanding）：與使用者進行互動，根據使用者問題透過自然語言理解技術分析包括結構化的和文本、音訊、影片、圖像

等非結構化所有類型的資料，最終實現使用者提出問題的有效應答。

（2）推理（reasoning）：透過假設生成，透過資料揭示洞察、模式和關係，將散落在各處的知識片段連接起來進行推理、分析、對比、歸納、總結和論證，從而獲取深入的理解和決策的證據。

（3）學習（learning）：透過以證據為基礎的學習能力，從大數據中快速提取關鍵資訊，像人類一樣學習和記憶這些知識，並可以透過專家訓練，在不斷與人的互動中透過經驗學習來獲取反饋，最佳化模型。

（4）交互作用（interaction）：透過精細的個性化分析能力，獲得使用者的語義、情緒等資訊，進一步利用文本分析與心理語言學模型對大量社交媒體資料和商業資料進行深入分析，掌握使用者個性特質，建構全方位使用者畫像，實現更加自然的互動交流。

Watson 包括 90 臺 IBM 小型機伺服器、360 個 Power 750 系列處理器以及 IBM 公司研發的 DeepQA 系統。Power 750 系列處理器是當時 RISC（精簡指令集電腦）架構中最強的處理器，可以支援 Watson 在不超過 3 秒的時間內得出可靠答案。IBM 公司調動其全球研發團隊參與到 DeepQA 項目中，這些團隊分工極為精細，如以色列海法團隊負責深度開放域問答系統工程的搜尋，日本東京團隊負責在問答中將詞意和詞語連接，中國北京和上海團隊則負責以不同的資源為 Watson 提供資料支援，此外還有專門研究演算法的團隊和研究博弈下注策略的團隊等。IBM 公司遵循其工業時代成功的流水線模式，讓它的各個團隊都發揮出最大的效率，目標就是在 2011 年的綜藝節目《危險邊緣》（Jeopardy）中一鳴驚人。

在 2010 年底，Watson 已在 IBM 公司紐約 Hawthorne 實驗室的 Jeopardy 模擬中表現良好，2011 年 IBM 公司開始在媒體上廣泛宣傳這是繼 1997 年西洋棋人機大戰之後，人類和電腦之間的又一輪較量。和 Watson 對戰的兩位人類對手在節目中都有著輝煌的歷史，Ken

Jennings 是節目歷史上連續贏得最多場比賽（74 場）的傳奇人物，而 Brad Rutter 則是節目歷史上贏錢最多的選手。

在比賽中，Watson 透過離線方式瀏覽 2011 版維基百科中超過 2 億個結構化和非結構化網頁，總儲存容量達到 4TB。對於每一個問題，Watson 會在螢幕上顯示 3 個最有可能的答案，當其中一個的可信度超過 51% 時，就按下號誌。比賽節目播放時，這些資訊顯示在觀眾的電視機螢幕上以幫助大家了解 Watson 想到了什麼，但在現場比賽的選手是看不到的。不可否認，比賽中 Watson 按下號誌的速度始終比人類選手要快，但它也有缺點，就是在回答只包含很少提示的問題時會束手無策。接下來，我們來看看 Watson 工作的全過程。

（1）文字辨識：Watson 透過攝影鏡頭拍下螢幕上的文字，然後進行 OCR 辨識，得到文字形式的題目文本。

（2）實體抽取：提取題目中專有名詞等基本資訊，包括人名、地名、時間等，為其打上分類標籤。

（3）關係抽取：提取文字結構資訊，包括詞性和由動作連接的相關關係等，以得到它們更精確的含義。Watson 在這一步要對每個詞和它附近的詞進行搜尋，運算量非常大，但透過連詞、副詞和句法結構等資訊可以減少很多冗餘的搜尋。

（4）問題分解：每一個問題會被分解為若干子問題來解決，如果不能直接得到某個子問題的答案，則該問題又會被分解為再下一級的子問題進行解決，直到獲得所有子問題的答案為止。通常一個包含 20 個詞的普通問題可能會被分解為上萬個子問題。

（5）備選答案生成：在 Watson 自身的知識圖譜中進行搜尋，從多種資料來源中匯集特定實體的屬性資訊，實現對實體屬性的完整勾畫。如果該實體不存在於知識圖譜中，則需要從非結構化和半結構化資料中搜尋並補全實體、關係以及屬性。然而，此時抽取的資料關係是扁平化

的，缺乏層次性和邏輯性，因此這些結果中可能包含大量的冗餘和錯誤資訊，可信度大大下降。另外，由於人類語言的模糊性和二義性，這一步的最後，Watson 還需要分析題目中是否有雙關資訊的可能性，通常是和資料庫中預存的、可能帶有二義性的表達語庫進行對比來實現，這一步也是 Watson 最沒有信心的。

（6）判斷決策：Watson 運用上百種演算法對可能的答案進行評估，包括答案的類別、性質是否正確，答案涉及的時間、地點是否正確，詞性、語法結構是否符合要求等。在 3 個候選答案中，如果某個可信度最高且超過 51%，則發出信號驅動執行器按下號誌。

（7）回答問題：用語音合成引擎將這個答案的文本轉換成語音並播放出來，完成回答。

3.3.1 智力問答大戰回顧

《危險邊緣》是美國著名的電視智力問答競賽節目。參賽者需要通過難度相當大的考試後才能獲得參賽資格。它對參賽者提出了各種獨特的挑戰：需要參與者涉獵廣泛的知識，明白問題中含有的雙關語、隱喻和俚語，同時還需要有著能夠迅速反應過來按搶答器的反應能力。比賽以一種獨特的問答形式進行，設定的問題涉及歷史、科技、文學、體育、地理、流行文化、藝術、文字遊戲等多個領域，涵蓋面非常廣泛。參賽者根據主持人以答案形式給出的各種線索，用問題的形式做出簡短正確的回答。例如：一名選手選擇了「總統，分值 200 美元」這一大類，如果線索之一是「美國之父，砍倒櫻桃樹」，那麼響鈴的選手可以這樣回應：「誰是喬治‧華盛頓？」。

2011 年 2 月 14 日，做好一切準備的 Watson 開始了與人類的對決，此次的人機大戰為期三天。Watson 在比賽的時候並不接入網際網路，Brad Rutter 和 Ken Jennings 聽到主持人唸出問題的同時，Watson 會

收到題目文本，然後透過高速運算分析儲存資料得出答案，並透過語音合成「說」出答案。此次人機大戰冠軍獎金為 100 萬美元、亞軍獎金為 30 萬美元、季軍獎金為 20 萬美元（見圖 3-20）。Brad Rutter 和 Ken Jennings 計劃將他們所獲獎金的一半捐獻給慈善機構，而 IBM 公司計劃將 Watson 獲得的全部獎金捐獻給慈善機構。

圖 3-20 Watson 在《危險邊緣》挑戰人類選手

1. 第一日（美國時間 2 月 14 日）平局

美國時間 2 月 14 日，比賽正式開始，Watson 在比賽現場挑戰兩位智力競賽達人，在《危險邊緣》的比賽中，共有六大類 30 個問題，每一類問題有 5 個以答案的形式出現的細節線索，選手需要針對每個線索用問題的形式作答。而不同線索的獎懲金額也不同，從 200 美元到 1,000 美元不等。Watson 在第一節的比賽中就一路領先，迅速正確的回答了披頭四歌曲和文學作品角色的兩個類別的問題，而 Brad Rutter 和 Ken Jennings 兩位優秀的人類選手完全沒有反應，此時，Ken Jennings 略

顯緊張。隨著比賽節奏的加快，選手的反應速度也是超快，觀眾還沒有來得及反應，選手就已給出了正確答案。前半場結束時，Watson 分數為 5,200 美元，Brad Rutter 分數為 1,000 美元，Ken Jennings 分數為 200 美元。

Brad Rutter 和 Ken Jennings 兩位人類選手對於搶答按鍵器的反應不占優勢，Watson 由於擁有一套權衡機制，如果對答案信心十足，它會在 10 毫秒內按下搶答器搶答，這個速度是人類無法企及的，但是當對答案不是那麼肯定時，它的搶答速度會慢一些。

有趣的是，電腦螢幕上 Watson 的臉是 IBM「智慧地球」的圖標，並有多條環形彩色線圍繞其上，當 Watson 在「思考」時，彩色線加速運行，彩色線運行速度的快慢代表了這個問題對 Watson 是難還是易。《危險邊緣》節目的賽制中規定：答錯題目就要面臨倒扣分的情況。另外，節目除了搶答，選手還可以押上手中獎金，就正確答案進行「打賭」。Watson 會為每一道題準備 5 個備選答案，分別評估每個備選答案的正確率，並在螢幕上顯示 3 個最有可能的答案，只有正確率超過某個數值時，Watson 才會自信滿滿的按搶答器，或與人類選手「打賭」。螢幕上 Watson「臉」上顏色的變化代表了其自信度的改變，顏色由綠變紅顯示 Watson 不太有信心，這導致了一些問題，雖然 Watson 知道答案，但由於不太有信心，搶答的速度沒有人類選手快。

就在大家都以為 Watson 會以壓倒性勝利收場時，第二節比賽突然起了變化，Watson 開始被人類選手迎頭趕上，開始不斷出錯，在比賽中出現了幾個糟糕的回答。如一道回答「Oreo 餅乾是什麼時候被推出」的問題時，在幾秒鐘前，人類選手 Jennings 回答相同問題時剛被告知「1920 年代」錯了，Watson 還是繼續回答「1920 年代」。這是因為研究團隊為了簡化 Watson 的程式設計，讓它對其他玩家的回答「裝聾作啞」，結果 Watson 甚至一度比分落後，幸好它抓住了最後兩道題的機

會扭轉了頹廢的局勢，最終 Watson 與 Brad Rutter 打平，積分成績為 5,000 美元，Ken Jennings 成績為 2,000 美元。而在第一天半小時的對抗中，Watson 獲得和人類相同的成績已經讓人刮目相看。

2. 第二日（美國時間 2 月 15 日）猛追

比賽進入第二天，題目分值與第一天相比翻了一倍。Watson 今日狀態極佳，優勢開始顯現，比賽分數極速竄升，在第二天比賽的 30 道題目中，Watson 24 次搶先按下搶答器搶答，徹底擊敗了人類選手。

在當天的環節裡，選手在回答 double jeopardy 階段的題目時，可以賭上一個分數，選手只要回答正確就能贏取相應分值，但如果回答錯誤也要扣掉同樣多的分數。Watson 在兩道這樣的題目上下的賭注分別是 6,435 美元和 1,246 美元，現場觀眾哄堂大笑，因為在人類看來，這樣的分數非常奇怪，人類下賭注絕對不會出現這樣的分數。

Final Jeopardy 的題目是：這座城市最大的機場是以第二次世界大戰的一個英雄命名的，而它的第二大機場是以第二次世界大戰的一場戰役命名的。題目的類別是美國的城市。

這題 Brad Rutter 和 Ken Jennings 都下了最大的賭注——自己所有的分數。而 Watson 雖然分數遙遙領先，但卻只下了一個很小的分數。最後 Brad Rutter 和 Ken Jennings 兩人都答對了，但 Watson 卻給出了一個很搞笑的答案——多倫多，確實，美國是有一個名為多倫多的小城市，但這道題的回答還是讓人大跌眼鏡，主要原因是 Watson 沒有為答案設定邊緣條件。正確答案應該是芝加哥，因為芝加哥的中途國際機場是在 1949 年以中途島海戰命名的，而奧黑爾國際機場則是以愛德華·奧黑爾（Edward O'Hare）少校命名，愛德華·奧黑爾是第二次世界大戰中的王牌飛行員。不過，這錯誤不足以影響 Watson 的勝利。第二天比賽結束後，Watson 以 35,734 美元的總積分將人類選手遠遠的甩在了後面，

而 Brad Rutter 和 Ken Jennings 分別為 10,400 美元和 4,800 美元。

3. 第三日（美國時間 2 月 16 日）完勝

轉眼間，比賽來到了最後一天，比賽最終的成績是前兩場的比分加上第三場的比分。在當天的比賽中，Watson 雖然偶爾有失誤，但卻一路領先，之後的比分一直很膠著，觀眾看得也是十分過癮。

在當天的比賽中還出現了一道關於中國的題目：方言包括吳語、越語和客家話的語言。這道題目的正確答案是「中國話」。然而 Watson 的第一備選答案竟然是「廣東話」，由此來看，Watson 有可能把這道題理解成了找到一種和吳語、越語等並列的方言？

第一節比賽結束時，Watson 落後於 Ken Jennings，在分值加倍的第二節，Watson 又一路猛進，毫無懸念的進入第三節。最終第三場比賽 Watson 拿到了 4,800 分。在經歷三天的鏖戰後，IBM 的超級電腦 Watson 在美國最受歡迎的智力節目《危險邊緣》中，以 77,147 美元的總成績成為冠軍，而 Ken Jennings 和 Brad Rutter 的成績分別只有 24,000 美元和 21,600 美元，Watson 的成績是兩位人類選手成績的三倍，比賽塵埃落定，人類已經和 Watson 相距太遠。Watson 為 IBM 贏得了這一百萬美元的獎金，IBM 將全部獎金捐獻給了兩個幸運的慈善機構——World Vision 和 World Community Grid。

下面回顧一下 Watson 所參加的本次《危險邊緣》競賽節目中的幾個問題，方便讀者更詳細的了解這個競賽究竟是什麼樣的，以及 Watson 的能力。

（1）問題類別：披頭四和人（注：該類別問的是披頭四歌詞中提到的人物）。

- 問題：「任何時候當你感到痛苦，嘿」誰，「請打住，不要把整個世界都背負在你自己的肩頭」（"And anytime you feel the pain, hey"this guy,"refrain, don't carry the world upon your shoulders")（注：引號中的是原歌詞，「誰」則是被問的出現在歌詞中的人）。

· 答案：Who is Jude。

· 評價：由於 Watson 儲存了包括各種百科全書、詞典、新聞等的 2 億頁資料，可以在 3 秒內檢索數百萬筆資訊，所以 Watson 可以很快的從知識庫中調出這些歌詞，Watson 在這類問題上占據了不可撼動的優勢地位。這是披頭四 Hey Jude 歌曲的歌詞，這個「誰」正是 Jude。完整的歌詞是：任何時候當你感到痛苦，嘿 Jude，請打住，不要把整個世界都背負在你自己的肩頭。對於這題，Watson 計算出答案是 Jude，並且認為其可靠性高達 98%，搶答成功。

（2）問題類別：請說出年代（name the decade）。

· 問題：第一個現代的填字遊戲發表 & Oreo 餅乾出現（The first modern crossword puzzle is published & Oreo cookies are introduced）。

· 答案：What is 1910s ？

· 評價：Ken 首先按下搶答器給出答案 20 年代（20s），主持人說答案不正確。Watson 接著搶答成功，還是回答 1920 年代（1920s）。Watson 不能聽或看到 Ken 之前 20s 的錯誤答案，它回答問題的時候總是像「旁若無人」一樣，因此把錯誤答案 1920s 又報了一遍。這是 Watson 設計的問題，在設計時覺得分析對手的錯誤是不需要的。

（3）問題類別：最終前線（注：該類別問題答案或謎面中包含最前最後等極限詞）。

- 問題：這個「事件」不需要憑票入場；它是黑洞的邊界，任何物質都不能從那裡逃脫。（Tickets aren't needed for this "event", a black hole's boundary from which matter can't escape.）
- 答案：事件視界（Event Horizon，也稱事界，事件穹界，事象地平面）。

- 評價：「事件視界」是一個相對論中的概念。但在問題中故意加入了一些諸如「憑票入場」之類的誤導資訊。Watson 需要不被其迷惑，正確理解 event 在此並不是指一般意義上的「事件」，而是包含「事件」字符的其他概念。答案「事件視界」正好包含了事件（event）這個詞，同時又和黑洞的內容一致。假如 Watson 糾纏於是否「憑票入場」，那就怎麼也找不到答案了。令人欣慰的是，Watson 找到了此題的重點在於黑洞，成功解答此題。

（4）問題：來自拉丁語，意思是 end，火車也可以從這裡出發。（From the Latin for "end", this is where trains can also originate）

- 答案：英文單字 terminal。
- 評價：問題裡面包含了多條線索，Watson 有時候只利用了其中某些線索，而忽略了一些其他的線索。如此題中只很好的利用了拉丁語 end 這條線索，導致 Watson 回答了錯誤答案 finis。而產生了關鍵性的「火車也可以從這裡出發」卻沒有用到。Watson 把帶雙引號的詞作為更重要的線索了。

（5）問題類別：文學作品人物 APB（注：APB 在美國警方往往指被通緝的人，這裡潛在說明文學人物是反面人物）。

- 問題：通緝罪犯，最近一次在巴拉多塔出現；這是一隻巨眼，夥計們，你們會找到它的。

‧ 答案：Solen（索倫）。

‧ 評價：透過問題中的關鍵線索，Watson 可以找到相關的知識。如透過巴拉多塔（Tower of Barad-dur）找到《魔戒》這部作品。其次，Watson 要將眼睛和罪惡連結起來，在《魔戒》中找到相應的角色。巴拉多塔出現在《魔戒》中，罪惡的巨眼是索倫之眼。答案是索倫。

Watson 如願獲得成功。藉著這次人機大戰的風頭，2012 年 IBM 公司的迷你電腦占據了全球將近三分之二的市場占比，Watson 也於 2013 年開始進入商業化營運，陸續推出的相關產品包括 Watson 發現顧問（Watson Discovery Advisor）、Watson 參與顧問（Watson Engagement Advisor）、Watson 分析（Watson Analytics）、Watson 探索（Watson Explorer）、Watson 知識工作室（Watson Knowledge Studio）、Watson 腫瘤治療（Watson for Oncology）、Watson 臨床試驗配對（Watson for Clinical Trial Matching）等。如今，Watson 已經被運用到超過 35 個國家的 17 個產業領域，超過 7.7 萬名開發者參與到 Watson Developer Cloud 平臺來實施他們的商業夢想，Watson API 的月調用量也已高達 13 億次，且仍在成長。

3.3.2 成功祕訣：自然語言處理

自然語言處理（NLP）研究是實現人與電腦之間用自然語言進行有效通訊的各種理論和方法，是電腦科學與人工智慧研究中的重要方向之一。對於人類而言，《危險邊緣》這類問答類節目規則很簡單，但是對於 Watson 則意味著眾多挑戰。它不僅要理解主持人提問的自然語言，還需要分析這些語言是否包含諷刺、雙關、修飾等，以正確判斷題目的意思，並評估各種答案的可能性，給出最後的選擇。可以說 Watson 的

成功得益於自然語言處理技術多年的累積，同樣也帶動這個領域進入了一個更加快速的發展階段：2011 年 10 月，Apple 公司在發表新品時整合 Siri 智慧語音助理，把聊天問答系統帶入了成熟商業化階段；2013 年 Google 公司開源 Word2Vec 引爆深度學習這個新的焦點，機器翻譯、文件摘要、關係抽取等任務不斷獲得重要進展，從此人工智慧走向第三次高潮。

自然語言處理 [4] 能夠完成諸多任務，具體介紹如下。

- 分詞（tokenization）：分詞是將文本語料資訊切分為原子單元（例如，單字）的任務。分詞任務雖小，但它是自然語言處理的基礎。

- 詞義消歧（word-sense disambiguation，WSD）：WSD 是辨識一個詞正確含義的任務。例如，在「這個蘋果真好吃」和「買一個蘋果手機」這兩句話中的「蘋果」含義就不同。WSD 對於諸如問答之類的任務至關重要。

- 命名實體辨識（name entity recognition，NER）：指辨識文本中具有特定意義的實體，主要包括人名、地名、機構名、專有名詞等。例如，「小麗在購物中心碰到了李老師」的句子轉換為「小麗 [PER] 在購物中心 [LOC] 碰到了李老師 [PER]」。NER 是資訊檢索和知識表示等領域的必備技術。

- 詞性標注（POS）：也稱作語法標注或詞類消疑，詞性標注是為詞標注詞性的任務。它既可以是名詞、動詞、形容詞、副詞、介詞等基本標籤，也可以是專有名詞、普通名詞、短語動詞等。

- 文本分類（text classification，TC）：指將載有資訊的文本映射成某一類別或某幾類別主題的過程。文本分類有許多用途，如垃圾郵件檢測、新聞文章分類、情感分析、輿情分析等。

- 語言生成（NLG）：從知識庫或邏輯形式等機器表述系統生成自

然語言。

- 問答（question answering，QA）：是資訊檢索系統的一種高階形式，它能用準確、簡潔的自然語言回答使用者用自然語言提出的問題。QA 技術可應用於聊天機器人、資訊檢索、知識表達等，極具商業價值。

- 機器翻譯（machine translation，MT）：又稱為自動翻譯，是利用電腦將一種自然語言（源語言）轉換為另一種自然語言（目標語言）的過程。這項任務非常具有挑戰性，這是由於不同的語言之間具有不同的形態結構，也就是說從源語言到目標語言並不是一對一的轉換。另外，語言之間的單字到單字的關係可以是一對一、一對多、多對一或多對多。這涉及機器翻譯中的單字對齊問題。

3.3.3 成功祕訣：知識圖譜

知識圖譜 [5] 本質上是一種基於圖的資料結構，由節點（point）和邊（edge）組成。在知識圖譜中，每個節點表示現實世界中存在的「實體」，每條邊為實體與實體之間的「關係」。可以說，知識圖譜就是把異構資訊連接在一起而得到的一個關係網路，提供了從「關係」的角度去分析問題的能力。2012 年，Google 公司推出知識圖譜搜尋服務，中國網路公司百度和搜狗也分別推出「知心」和「知立方」來改進其搜尋品質。在搜尋引擎中引入知識圖譜大幅提升和最佳化了搜尋體驗。知識圖譜也被廣泛應用於聊天機器人和問答系統中，用於輔助深度理解人類的語言和支援推理，並提升人機問答的使用者體驗。此外，在金融、農業、電商、醫療健康、環境保護等垂直領域，知識圖譜同樣得到了廣泛的應用。

知識圖譜的概念可以追溯到 1960 年代提出的一種知識表示形式──語意網路。語意網路（semantic network）由相互連接的節點和邊

組成，節點表示概念或對象，邊表示節點與節點之間的關係。語意網路和知識圖譜在表現形式上相似，但語意網路側重於描述概念與概念之間的關係，知識圖譜側重於描述實體與實體之間的關係。Google 公司在 2012 年正式提出知識圖譜的概念，旨在實現更智慧的搜尋引擎。

知識圖譜的定義包含如下三層含義。

（1）知識圖譜本身是一個具有屬性的實體透過關係連結而成的網狀知識庫，從圖的角度來看，知識圖譜本質上是一種概念網路，其中的節點表示物理世界中的實體（或概念），而實體之間的各種語意關係則構成網路中的邊。由此，知識圖譜是對物理世界的一種符號表達。

（2）知識圖譜的研究價值在於，它是建構在當前 Web 基礎上的一層涵蓋網路，借助知識圖譜，能夠在 Web 網頁上建立概念間的連結關係，以便使用最小的代價將網際網路中累積的資訊組織起來，成為可以被利用的知識。

（3）知識圖譜的應用價值在於，它可以改變現有的資訊檢索方式。一是透過推理實現概念檢索（與現有的字符串模糊匹配方式相比）；二是將經過整理的結構化知識以圖形化方式展示給使用者，免除了人們從諸多網頁中透過人工過濾尋找到有用網頁的不便。

知識圖譜中的幾個要素如下。

實體：指的是具有可區別性且獨立存在的某種事物。如某一個人、某一個城市、某一種植物、某一種商品等。實體是知識圖譜中的最基本元素，不同的實體間存在不同的關係。

語義類（概念）：指具有同種特性的實體構成的集合，如國家、民族、書籍、電腦等。概念主要指集合、類別、對象類型、事物的種類，如人物、地理等。

內容：通常作為實體和語義類的名字、描述、解釋等，可以由文本、圖像、音訊影片等來表達。

　　屬性：從一個實體指向它的屬性值。不同的屬性類型對應於不同類型屬性的邊。屬性值主要指對象指定屬性的值。

　　關係：指一個把 kk 個圖節點（實體、語義類、屬性值）映射到布爾值的函數。

　　在知識圖譜中，我們用 RDF（資源描述框架）形式化的表示這種三元關係。資源描述框架是由 W3C 制定的，用於描述實體／資源的標準資料模型。三元組的基本形式主要包括（實體 1 —— 關係 —— 實體 2）和（實體 —— 屬性 —— 屬性值）等。用一個全局唯一確定的 ID 來標識每個實體，用屬性 —— 屬性值對來刻劃實體的內在特性，而關係可用來連接兩個實體，刻劃它們之間的關聯。

　　圖 3-21 是一個知識圖譜的例子，圖中，中國和北京各是一個實體，

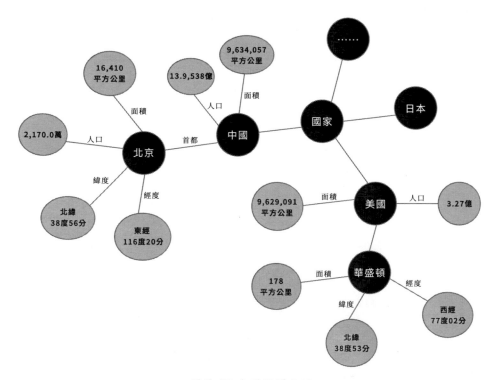

圖 3-21 知識圖譜示例

「中國 —— 首都 —— 北京」是一個「實體 —— 關係 —— 實體」類型的三元組例子;「北京 —— 人口 —— 2,069.3 萬」是一個「實體 —— 屬性 —— 屬性值」類型的三元組例子。

3.4 圍棋

3.2 節提到 8×8 格西洋棋的狀態複雜度為 1046,博弈樹複雜度為 10123。到了 19×19 格的圍棋,其狀態複雜度已上升到 10172,博弈樹複雜度則達到驚人的 10360,因此被視為人類在棋類人機對抗中最後的堡壘。在很長一段時間裡,靜態方法成了主流研究方向,中國的中山大學化學系陳志行教授(1931 年至 2008 年)退休後開發的圍棋博弈程式「手談」和開源軟體 GNU GO 在 2003 年以前能夠在 9×9 圍棋中達到人類 5 ～ 7 級水準。這種趨勢在 2006 年被 S. Gelly 等人提出的 UCT 演算法(upper confidence bound apply to tree,上限置信區間演算法)徹底改變,該演算法在蒙特卡羅樹搜尋中使用 UCB 公式解決了探索和利用的平衡,並採用隨機模擬對圍棋局面進行評價,該程式的勝率竟然比先前最先進的蒙特卡羅擴展演算法高出了幾乎一倍。但它也僅能在 9 路圍棋中偶爾戰勝人類職業棋手,在 19 路圍棋中還遠遠不能與人類抗衡。

這種局面在 2016 年得以突破,D. Silver 等人在《自然》雜誌發表文 章 *Mastering the game of Go with deep neural networks and tree search* 稱被 Google 公司收購的 DeepMind 公司開發出的 AlphaGo 在沒有任何讓子的情況下,以 5 : 0 完勝歐洲圍棋冠軍、職業二段選手樊麾。該系統透過對 3,000 萬盤專家棋譜進行監督學習和強化學習,使用策略網路和價值網路實現落子決策和局勢評估;透過與蒙特卡羅樹搜尋演算法結合,極大的改善了搜尋決策的品質;還提出一種非同步分散式並行演算法,使其可運行於 CPU/GPU 集群上。這是圍棋歷史上一次史無前例的

突破，人工智慧程式能在不讓子的情況下，第一次在完整的圍棋競技中擊敗專業選手。AlphaGo 在以下 4 個方面獲得重要突破 [6]。

（1）自我學習能力。AlphaGo 的對弈知識是透過深度學習方法自己掌握的，而不是像「深藍」那樣編寫在程式裡，也不像「華生」是透過「讀書」來建立知識網路，它是透過大量棋譜和自我對弈完成的。儘管這個能力目前還很初級，但卻展現了極好的前景，使長期困擾人們的人工智慧自我學習問題有了解決的可能。這種深度學習的能力，使得 AlphaGo 能不斷學習進化，產生了很強的適應性，而適應性造就了複雜性，複雜自適應性又是智慧演化最普遍的途徑。

（2）捕捉經驗能力。找到了一種捕捉圍棋高手經驗，即「棋感直覺」的方法。所謂棋感，就是透過訓練得到的直覺，「只可意會，不可言傳」。AlphaGo 透過深度學習產生的策略網路（或稱走棋網路），在對抗過程中可以實現局部步法的最佳化；透過增強學習方法生成的價值網路，實現對全局不間斷的評估，用於判定每一步棋對全局棋勝負的影響。此外，還可以透過快速走子演算法和蒙特卡羅樹搜尋機制，加快走棋速度，實現對弈品質和速度保證的合理折中。這些技術使得電腦初步具備了既可以考慮局部得失，又可以考慮全局整體勝負的能力。而這種全局性「直覺」平衡能力，正是過去人們認為人類獨有、電腦難以做到的。

（3）發現創新能力。發現了人類沒有的圍棋步法，初步展示了機器發現「新事物」的「創造性」。在五番棋的對抗過程中，從觀戰的超一流棋手討論和反應可以看出，AlphaGo 的下法有些超出了他們的預料，但事後評估又認為是好棋。這意味著 AlphaGo 的增強學習演算法，甚至可以從大數據中發現人類千百年來還未發現的規律和知識，為人類擴展自己的知識體系開闢了新的認知通道。有人認為，AlphaGo 的圍棋水準已經達到了超一流的「十三段」，而人類最高才十段。所以「它可能比

我們更接近圍棋之神」，因其具備了超出人類對圍棋博弈規律的理解能力。人類也可以透過向電腦學習圍棋，進一步加深對圍棋規律的理解。

（4）方法具有通用性。這與很多其他博弈程式非常不同，通用性意味著對解決其他問題極具參考價值。AlphaGo 運用的方法，實際上是一種解決複雜決策問題的通用框架，而不僅是圍棋領域的獨門祕笈。自我學習的能力，使得電腦有了進化的可能，通用性則使其不再局限於圍棋領域。AlphaGo 的設計者曾聲稱，其下一步的目標是「星海爭霸」，這是一個相當複雜的戰爭策略遊戲，與實際的戰爭決策非常接近，說明這種技術框架具有廣闊的應用前景。

DeepMind 在 2016 年初發表於《自然》雜誌上的〈圍棋 AI：AlphaGo〉的問世將深度強化學習的研究推向了新的高度（見圖 3-22）。AlphaGo 創新性的結合深度強化學習和蒙特卡羅樹搜尋，透過策略網路選擇落子位置、降低搜尋寬度，使用價值網路評估局面以減小搜尋深度，這樣搜尋效率得到了大幅提升，勝率估算也更加精確。與此同時，AlphaGo 使用強化學習的自我博弈來對策略網路進行學習，改善策略網路的性能，使用自我對弈和快速走子結合形成的棋譜資料進一步訓練價

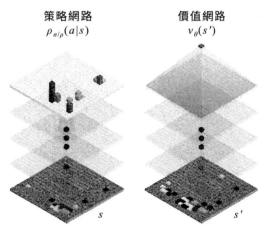

策略網路
$\rho_{\sigma/\rho}(a|s)$

價值網路
$v_\theta(s')$

s　　　　s'

圖 3-22 AlphaGo 所使用的神經網路結構示意圖

值網路。最終在線上對弈時，結合策略網路和價值網路的蒙特卡羅樹搜尋，在當前局面下選擇最終的落子位置。

　　深度學習模型可以概括為大數據＋高性能計算＋神經元網路演算法（見圖 3-23）。也就是說，深度學習模型的建立和最佳化依賴於大量的樣本資料，沒有資料就無法訓練深度學習模型；高性能計算尤其是基於圖形處理器（GPU）的並行計算，可以極大的縮短模型進行大數據處理和運算調優的時間；同時，最佳化的神經元網路演算法也能幫助模型提高計算效率。因此，深度學習本質上是一系列反覆訓練、調優的神經元網路，其訓練過程實際上就是整合理解的過程。

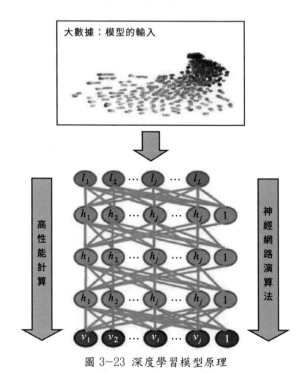

圖 3-23 深度學習模型原理

　　AlphaGo 主要依賴以下 4 個功能模組的融合和協同運行，來實現圍棋對弈的智慧決策。

　　（1）策略網路（policy network）。主要功能是透過學習前人棋

譜來獲取走子經驗，預測下一步棋的走子策略，並且可以透過反覆自我對弈不斷進化，從而實現版本升級和能力提升（見圖 3-24〔a〕）。策略網路又分為有監督學習策略網路（super-vised learning policy network，SL 策略網路）、快速走子策略（rollout policy）和增強學習策略網路（reinforcement learning policy network，RL 策略網路）。SL 策略網路和 RL 策略網路都是一個 13 層的卷積神經網路，它們的輸入為當前的盤面，輸出是下一步棋盤上的落子機率，也就是可以得到下一步最有可能落子的位置。SL 策略網路是根據人類高手的棋譜經驗訓練出來的，而 RL 策略網路是在 SL 策略網路基礎上，透過自我對弈不斷進化更高階策略的網路版本。

（2）價值網路（value network）。主要功能是透過大量的自我博弈，完成對整個棋局勝負的判定預測（見圖 3-24〔b〕）。價值網路是一個 13 層的卷積神經網路，輸入一個盤面，輸出在這個盤面下贏棋的機率，完成對整個棋局勝負的判定預測。圖 3-25 顯示了 AlphaGo 在和李世乭下第一局棋時預測的即時勝負曲線。透過曲線可以看出，中盤以後，AlphaGo 認為自己每一步都是領先的，說明它對整體形勢的掌握相當準確。

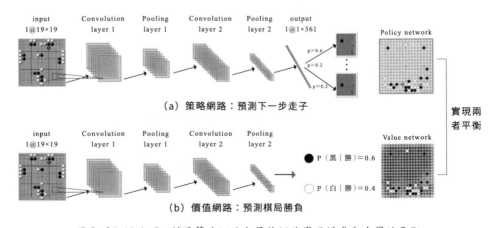

圖 3-24 AlphaGo 利用策略網路和價值網路實現棋感與直覺的平衡

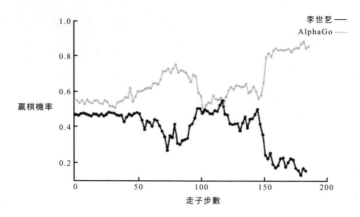

圖 3-25 AlphaGo 價值網路預測的即時勝率曲線

（3）快速走子（fast rollout）。主要功能是加快走棋速度。快速走子採用局部特徵匹配與線性迴歸相結合的方法，透過剪枝來提高快速走子速度，類似於深藍的暴力搜尋方法。其功能與 SL 策略網路類似，但結構是一個線性模型，比 SL 策略網路的卷積神經網路簡單得多（見圖3-26）。

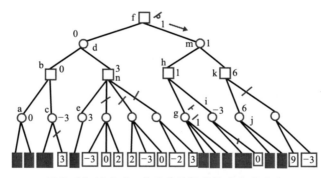

圖 3-26 AlphaGo 透過剪枝提高快速走子速度

（4）蒙特卡羅樹搜尋（MCTS）。主要功能是搜尋計算後續步的獲勝機率（見圖3-27）。相當於總控，控制對前 3 個演算法的選擇，完成對策略空間的搜尋，確定出最終的落子方案。為提高運算速度，計算可並行用 GPU 完成。

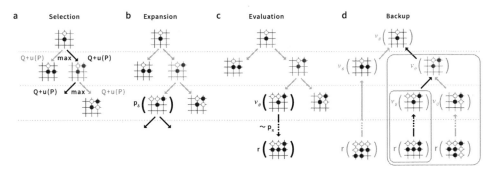

圖 3-27 利用蒙特卡羅樹搜尋計算後續步的獲勝機率

　　在上述 4 種演算法中，AlphaGo 用策略網路和價值網路兩種方法的結合，解決了局部最佳化與全局平衡的問題（見圖 3-24）；快速走子只考慮局部的步法，但速度比策略網路快了大概 1,000 倍；蒙特卡羅樹搜尋結合前三者的優勢，探索勝率高的步法，最終得到落子的點。

　　透過演算法分析可知，AlphaGo 利用策略網路模擬了人類在思考廣度上的直覺估計能力，利用蒙特卡羅樹搜尋方法融合價值網路和快速走子，模擬人類在思考深度上的推演估算能力，從而綜合廣度和深度上的認知結果得出最優落子方案。此外，最近披露的消息指出，AlphaGo 並沒有時間觀念，其時間是由人控制的，只要人不喊停，它就在某一步棋上不斷進行蒙特卡羅樹搜尋運算，給它的時間越多，模擬運算的次數越多，最終得到的結果就越精確。從認識論的角度看，AlphaGo 的這種自我學習能力與人類智慧十分相似，雖然這些神經元網路不能確保獲勝，但可以確保勝率更高。

　　策略網路和價值網路的核心都是神經元網路，神經元網路的產生過程實際上是一個學習的過程，要教會它下棋，必須用資料進行訓練。為此，AlphaGo 收集了 16 萬局人類高手的棋譜資料，每一局大約有 200 個盤面，共拆分為 3,000 萬手盤面（一步算一個盤面）進行訓練。用價值網路判斷整個棋局勝負時，由於 16 萬盤棋每盤都只有一個勝負，

AlphaGo 又需要深度增強學習技術進行自我博弈，所以又以半隨機方式生成了 3,000 萬盤棋譜解決價值網路的訓練問題。這是模擬人類智慧非常有創意的一種想法，與「深藍」的方法和「華生」的智慧問答有本質的不同。「深藍」是按規則遍歷各種可能的步法，即「暴力搜尋」，卡斯帕洛夫能向前深度搜尋 10 步，「深藍」能搜尋 12 步，所以它能戰勝卡斯帕洛夫。「華生」屬於專家系統範疇（IF-THEN），透過對自然語言的處理和分析建立知識規則網，這與 AlphaGo 基於經驗的推理有本質的不同。

　　AlphaGo Zero 的出現，再一次引發了各界對深度強化學習方法和圍棋 AI 的關注與討論。AlphaGo Fan 和 AlphaGo Lee 都採用了兩個神經網路的結構（見圖 3-28），其中策略網路初始是基於人類專業棋手資料採用監督學習的方式進行訓練，然後利用策略梯度強化學習方法進行能力提升。在訓練過程中，深度神經網路與蒙特卡羅樹搜尋方法相結合形成樹搜尋模型，本質上是使用神經網路方法對樹搜尋空間的最佳化。[7]

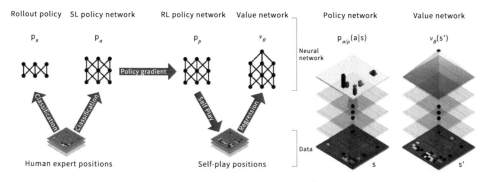

圖 3-28 AlphaGo 的網路結構圖

　　AlphaGo Zero 做了更進一步的升級和改進。AlphaGo Zero 將策略網路和價值網路整合在一起，使用純粹的深度強化學習方法進行端到端的自我對弈學習。這就是 AlphaGo Zero 自我學習訓練過程（見圖 3-29）。

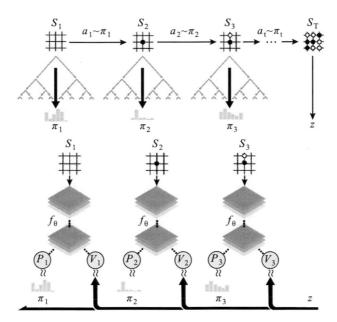

圖 3-29 AlphaGo Zero 自我學習訓練過程

AlphaGo Zero 與之前的版本有很大不同。7 個主要的不同點如下。

第一，神經網路權值完全隨機初始化。不利用任何人類專家的經驗或資料，神經網路的權值完全從隨機初始化開始，進行隨機策略選擇，使用強化學習進行自我博弈和提升。

第二，輸入無須先驗知識。不再需要人為手工設計特徵，而是僅利用棋盤上的黑白棋子的擺放情況，作為原始輸入資料，將其輸入到神經網路中，以此得到結果。

第三，神經網路結構複雜性降低。原先兩個結構獨立的策略網路和價值網路合為一體，合併成一個神經網路。在該神經網路中，從輸入層到中間層是完全共享的，最後的輸出層部分被分離成了策略函數輸出和價值函數輸出。

第四，捨棄快速走子網路。不再使用快速走子網路進行隨機模擬，而是完全將神經網路得到的結果替換隨機模擬，從而在提升學習速率的

同時，增強了神經網路估值的準確性。

第五，神經網路引入殘差結構。神經網路採用基於殘差網路結構的模組進行搭建，用了更深的神經網路進行特徵表徵提取，從而能在更加複雜的棋盤局面中進行學習。

第六，硬體資源需求更少。以前 ELO 最高的 AlphaGo 需要 1,920 塊 CPU 和 280 塊 GPU 訓練，AlphaGo Lee 則用了 176 塊 GPU 和 48 塊 TPU，而現在，AlphaGo Zero 只使用了單機 4 塊 TPU 便能完成訓練任務（見圖 3-30）。

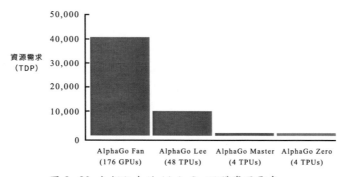

圖 3-30 各個版本的 AlphaGo 硬體資源需求

第七，學習時間更短。AlphaGo Zero 僅用 3 天時間便能達到 AlphaGo Lee 的水準，21 天後達到 AlphaGo Master 的水準，棋力提升非常快（見圖 3-31）。

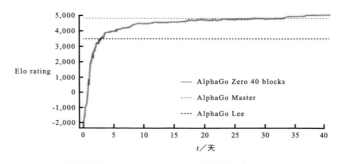

圖 3-31 AlphaGo Zero 的棋力提升過程

AlphaGo Zero 的成功證明了在沒有人類指導和經驗的前提下，深度強化學習方法在圍棋領域裡仍然能夠出色的完成指定的任務，甚至比有人類經驗知識指導時，完成得更加出色。在圍棋下法上，AlphaGo Zero 比之前版本創造出了更多前所未見的下棋方式，為人類對圍棋領域的認知打開了新的篇章。某種程度而言，AlphaGo Zero 展現了機器「機智過人」的一面。

就目前而言，AlphaGo 尚未展現出類似於在 Atari 影片遊戲中那樣普遍適用的泛化性能。雖然基於深度強化學習的蒙特卡羅樹搜尋在回合制遊戲上已經獲得了成功，但是由於搜尋演算法與生俱來的搜尋時間與空間的開銷，或許對回合制類遊戲影響不大，但是對即時類遊戲的影響卻是強大的，在如同《星海爭霸 II》這類即時遊戲中，如何解決好時間開銷與遊戲連續性的矛盾則是一個值得深思的問題。目前為止，DeepMind 團隊在《星海爭霸 II》中使用深度強化學習方法所能達到的效果也與期望相去甚遠。因此，通用人工智慧問題的研究及解決仍然任重道遠。

3.4.1 大戰回顧

2016 年 3 月 9 日至 15 日，李世乭和 AlphaGo 在韓國首爾進行了五番棋比賽，採用中國圍棋規則，AlphaGo 開始連勝三局，之後李世乭扳回一城，第五局李世乭遺憾告負，最終 AlphaGo 以總比分 4：1 戰勝李世乭。

1. 人機大戰首局：李世乭中盤認輸

2016 年 3 月 9 日，圍棋人機大戰首局在韓國首爾四季酒店打響。AlphaGo 執白，李世乭執黑，率先展開布局。李世乭開局採用新型布局，而 AlphaGo 應對不佳，出現失誤，由於電腦具有不擅長應對新型布

局的弱點，李世乭獲得了不錯的局面，黑棋占優。但中盤階段才是決定圍棋勝負的關鍵。AlphaGo 接下來的下法變得強硬，雙方展開接觸戰。李世乭抓住機會，圍住一塊大空，在大局上搶得先機。此時觀戰棋手皆認為李世乭占據了優勢，然而就在這時，他卻出人意料的放出了非常業餘的走法，將原本微弱的優勢瞬間化為烏有，甚至還變成了劣勢。進入官子，AlphaGo 穩健行棋，不犯絲毫錯誤。最終 186 手棋後李世乭投子認輸，總比分為 1：0，AlphaGo 獲得開門紅（見圖 3-32）。

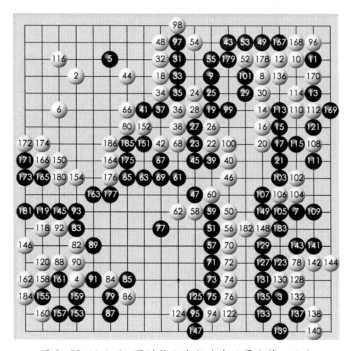

圖 3-32 AlphaGo 圍棋執白中盤勝李世乭（第一局）

2．人機大戰次局：李世乭完敗

2016 年 3 月 10 日，圍棋人機大戰展開第二局較量，AlphaGo 執黑先行。與第一局相比，李世乭這局轉變了行棋的風格，開局下得非常穩健。AlphaGo 也下出了不少新手，這使得李世乭採取非常謹慎的態度來

應戰，時不時的陷入長時間的思考，這導致他在時間上一直處於落後地位。行棋對戰的你來我往中，黑 37 和 41 兩步尖衝令人匪夷所思，尤其是第 41 手導致目數大虧。來到本局的中盤階段，原本形勢占優的李世乭放出右上角的一步二路打拔，這被觀戰棋手視作敗手，而且其行棋過緩，AlphaGo 的優勢逐漸清晰起來。眼見形勢陷入被動，李世乭下出一手扳的好棋，即使進行了幾次轉換，白棋形勢未見好轉，黑棋還是牢牢鎖住了領先的局面，而且棋形很厚。李世乭雖然脫了幾手，但並無實質性改變，最終 AlphaGo 執黑於 211 手獲勝且優勢明顯，總比分 2 比 0 領先（見圖 3-33）。

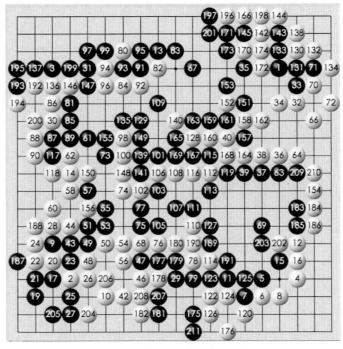

圖 3-33 AlphaGo 執黑中盤勝李世乭（第二局）

3. 人機大戰第三局：李世乭破釜沉舟未果

2016 年 3 月 12 日，圍棋人機大戰展開第三局較量。該局開始前，仍有棋迷希望李世乭能夠實現逆轉，但 AlphaGo 徹底摧毀了這種可能。李世乭執黑先行，布局階段，李世乭左下掛角後走高中國流。行棋還不到 20 手，李世乭局面就處於劣勢。之後，雙方在左上角展開戰鬥，AlphaGo 始終牢牢的掌握著全局，輕鬆的打入李世乭地盤，與此同時 AlphaGo 還借助戰鬥在下邊圍起一大塊空，對戰局面看上去還不如前兩盤好看。接下來的比賽，雖然李世乭一直極力抵抗，並且祭出劫爭的手段，但都被 AlphaGo 精確應對，最終無功而返。到 AlphaGo 下了 176 手後，李世乭被迫投子認輸，這一局李世乭可謂是完敗，圍棋人機大戰前三局人類三連敗（見圖 3-34）。

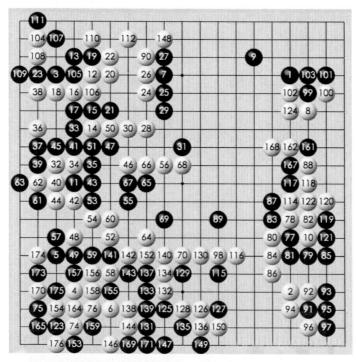

圖 3-34 AlphaGo 執白中盤勝李世乭（第三局）

4. 人機大戰第四局：李世乭祭出「神之一手」獲首勝

2016 年 3 月 13 日，圍棋人機大戰展開第四局較量。在連續三局敗給 AlphaGo 後，脫去勝負包袱的李世乭為榮譽而戰，終於迎來了「圍棋人機大戰」的首次勝利。與前三局比賽相比，李世乭此局陷入長時間思考的次數更多，這就導致了其耗時過多。比賽進行兩個半小時後，李世乭僅剩下 17 分鐘，而 AlphaGo 剩餘時間則比李世乭足足多 1 小時。但隨後李世乭祭出白 78「挖」的妙手，一場「逆襲」之戰也由此開始。AlphaGo 被李世乭的「神之一手」下得陷入混亂，走出了黑 93 一步常理上的廢棋，導致棋盤右側一大片黑子「全死」。此後，AlphaGo 判斷局面對自己不利，每步耗時明顯增長，更首次被李世乭拖入讀秒。最終，李世乭冷靜收官鎖定勝局。到 180 手，AlphaGo 中盤認輸，李世乭扳回一局，總比分為 1：3（見圖 3-35）。

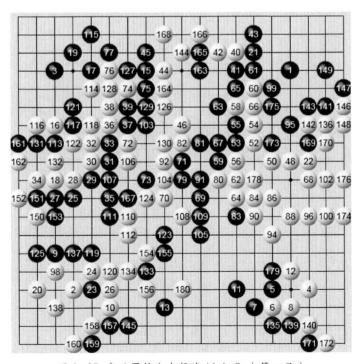

圖 3-35 李世乭執白中盤勝 AlphaGo（第四局）

5. 人機大戰第五局：李世乭執黑 280 手認負

2016 年 3 月 15 日，圍棋人機大戰展開第五局對決。在上局比賽扳回一城後，李世乭向 AlphaGo 團隊提出要在末戰中執黑，因為他覺得 AlphaGo 執黑時發揮並不完美，戰勝執白的 AlphaGo 才更有意義。執黑的李世乭選擇了穩健的錯小目、無憂角開局，AlphaGo 以二連星應對。進入中盤，李世乭以撈實地為主的意圖非常明顯。在一次起身抽菸之後，李世乭在 79 手和 81 手連出緩手，被視為敗招。AlphaGo 82 手也並非好的應手。一波錯進錯出後，黑棋在 87 手和 89 手再出緩手，使得白棋左上角的圍剿更加有力，黑棋形勢瞬間急轉直下。此後，占據優勢的 AlphaGo 依靠強大的中後盤計算能力，鮮有失誤，落子效率極高。不過李世乭一直積極應對，連續走出強硬應手，遺憾的是棋盤下得越來越小，李世乭難再尋找逆轉機會。最終到 280 手，李世乭投子認負，圍棋人機大戰的最終比分定格為 1：4（見圖 3-36）。

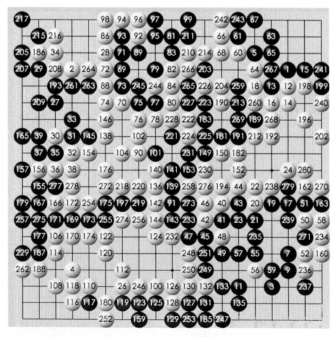

圖 3-36 AlphaGo 執白中盤勝李世乭（第五局）

　　AlphaGo 的成功，點燃了人機大戰的熊熊烈火。2016 年 6 月，人工智慧飛行員 ALPHA 戰勝了美國空軍著名戰術專家李上校（Gene Lee）；2016 年 8 月，卡內基美隆大學的 Mayhem 機器人戰隊經過 95 輪挑戰後，戰勝了所有人類戰隊，奪得美國國防高級研究計畫署（DARPA）第 24 屆網路挑戰大賽（CGC）冠軍。2017 年初，AlphaGo 化名 Master（大師），在著名圍棋對弈網站先後戰勝世界圍棋冠軍 15 名，豪取 60 連勝；2 月，卡內基美隆大學開發的人工智慧系統 Libratus 在人機德州撲克大戰中擊敗了人類頂級職業玩家；5 月，AlphaGo 再次以 3：0 的戰績戰勝當今圍棋排名世界第一的柯潔。

3.4.2 黃士傑與李世乭

　　黃士傑出生於臺灣，1997 年考入臺灣交通大學，大學本科的專業為電腦與資訊科學。2001 年至 2003 年，他在臺灣師範大學攻讀電腦科學和資訊工程碩士，碩士論文題為〈電腦圍棋打劫的策略〉。2004 年至 2011 年，他在臺灣師範大學攻讀博士學位，博士論文題為〈應用於電腦圍棋之蒙特卡羅樹搜尋法的新啟發式演算法〉。黃士傑很喜歡下圍棋，上學期間的棋力已達臺灣業餘六段水準。黃士傑的博士本來 5 年就可讀完，但為了鞏固研發成果，多讀了 2 年，博士 7 年級時，他所開發的圍棋程式 Erica 擊敗了當時國際公認的最強程式 Zen，並在日本舉辦的國際電腦奧林匹亞電腦遊戲程式競賽中拿下 19 路電腦圍棋金牌。黃士傑博士畢業後在加拿大亞伯達大學做了一年研究員，隨後於 2012 年加入 DeepMind，擔任高階研究員。2014 年 1 月 26 日，DeepMind 被 Google 公司以 5 億美元收購。自此，黃士傑在 Google DeepMind 任研究科學家。同年 2 月，AlphaGo 項目正式啟動，團隊只有 3 個人：哈薩比斯（Hassabis）、席爾瓦（Silver）和黃士傑。他是與人類頂尖棋手對弈時代 AlphaGo 執棋的「人肉臂」，同時也是開發這個神祕大腦的關鍵

人物之一。

　　李世乭 1983 年 3 月 2 日出生於韓國全羅南道，師從權甲龍，是韓國著名圍棋棋手，世界頂級圍棋棋手。他 1995 年入段，1998 年二段，1999 年三段，2003 年因獲 LG 杯冠軍直接升為六段，2003 年 4 月獲得韓國最大棋戰 KT 杯亞軍，升為七段，2003 年 7 月獲第 16 屆富士通杯冠軍後直接升為九段。連續三年（2006 年至 2008 年）獲得韓國圍棋大獎──最優秀棋手大獎（MVP），曾獲得過 18 個世界冠軍。李世乭屬於典型的力戰型棋風，善於敏銳的抓住對手的弱處主動出擊，以強大的力量擊垮對手，他的攻擊可以用「穩，準，狠」來形容，經常能在劣勢下完成逆轉。

　　2016 年 3 月 9 日至 15 日，李世乭與 AlphaGo 展開了為期 5 天的人機大戰，AlphaGo 開發團隊之一的臺灣師範大學資訊工程系博士黃士傑擔任由 AlphaGo 指揮的棋手（見圖 3-37）。

圖 3-37　黃士傑與李世乭對弈

　　由於李世乭開局連輸兩盤，於是有人在網路上散步對李世乭的不良言論，說他棋技不佳，甚至有人因為前兩盤棋李世乭都沒有打劫而懷疑他與 AlphaGo 團隊有祕密協議。然而，作為 AlphaGo 指揮的棋手，黃士傑在「弈棋」論壇上公開發表文章闢謠。以下是他澄清事實的全文 [8]。

　　「現在網路上有許多謠言，有些人甚至對李世乭九段作出人身攻擊，我覺得有必要澄清。這次比賽不論勝敗如何，我覺得我們都應該尊重李世乭九段。他接受 AlphaGo 的挑戰，所承受的壓力一定很大。

　　（1）這次比賽並沒有所謂的不能打劫的保密協議。第一、二盤棋覆盤時李世乭九段都有擺出打劫的變化，只是實戰他沒有下出來。我們也知道，AlphaGo 在對陣李世乭九段這種級別的棋手打劫時的表現是不容小覷的。

　　（2）這次比賽我們使用的是分散式版本的 AlphaGo，並不是單機版。分散式版本對單機版的 AlphaGo 勝率大約是 70%。

　　AlphaGo 實際上有兩個版本，一個是單機版的，另一個是分散式版本的，二者所使用的演算法完全相同，其差別在於所用的硬體。單機版 AlphaGo 擁有 48 個中央處理器和 8 個圖形處理器；分散式版本 AlphaGo 擁有 1,202 個中央處理器和 176 個圖形處理器。」

3.4.3 成功祕訣：蒙特卡羅樹搜尋

　　在機器博弈中，每步行棋方案的運算時間、堆棧空間都是有限的，只能給出局部最優解，因此，2006 年提出的蒙特卡羅樹搜尋就成為隨機搜尋演算法的首選。它結合了隨機模擬的一般性和樹搜尋的準確性，近年來在圍棋等完整資訊博弈、多人博弈及隨機類博弈難題上獲得了成功應用。理論上，蒙特卡羅樹搜尋可被用在以 { 狀態，行動 } 定義，並用模擬預測輸出結果的任何領域。傳統的 Mini max 搜尋運用到圍棋上，搜

尋樹太廣，並且很難評估勝率。蒙特卡羅樹搜尋的意義在於結合了廣度優先搜尋和深度優先搜尋，會較好的集中到「更值得搜尋的變化」（雖然不一定準確），同時給出一個同樣不怎麼準確的全局評估結果，但最後隨著搜尋樹的自動生長，可以在足夠大的運算能力和足夠長的時間後收斂到完美解。

蒙特卡羅樹搜尋（Monte Carlo tree search，MCTS）是一種用於某些決策過程的啟發式搜尋演算法，它被廣泛用於科學和工程研究的演算法仿真中，是現行圍棋程式的核心組件。

有專家曾通俗的解釋什麼是蒙特卡羅樹搜尋：假如籃子裡有 1,000 個蘋果，讓你每次閉著眼睛找一個最大的，不限制挑選次數。於是，你可以閉著眼隨機拿一個，然後下一次再隨機拿一個與第一個比，留下大的，循環往復，拿的次數越多，挑出最大蘋果的可能性也就越大，但除非你把 1,000 個蘋果都挑一遍，否則你無法肯定最終挑出來的就是最大的一個。這就是蒙特卡羅樹搜尋。

採用暴力搜尋的棋類軟體，包括「深藍」電腦，透過對所有可能結果建立搜尋樹，然後根據需求再進行搜尋。暴力搜尋在跳棋、象棋上還具有實現的可能性，但對於圍棋不行，由於圍棋是 19×19 的棋盤，每個位置有黑、白和空 3 種狀態，棋子的步法大到電腦也沒有辦法建構一棵搜尋樹來實現遍歷搜尋。令人欣慰的是，AlphaGo 利用強化學習降低了搜尋樹的複雜性，有效的降低了搜尋空間，完美的解決了搜尋的問題。

蒙特卡羅樹搜尋[9] 技術給予了智慧體推理的能力，智慧體不僅可以根據過去的經驗採取更好的策略，也可以根據對未來的推測幫助自己選擇合適的方案。

蒙特卡羅樹搜尋的每個循環包括 4 個主要步驟：選擇（Selection）、擴展（Expansion）、模擬（Simulation）、回溯（Backpropagation）。

每個節點表示一種狀態（棋盤上雙方的落子情況），每條邊表示一種動作（選擇落子的位置），節點中的數字 x/y 表示在當前狀態下，總共模擬了 y 次對局，黑子勝了 x 次。例如，12/21 就表示在這種狀態下，總共模擬了 21 次對局，黑子勝了 12 次。

（1）選擇（見圖 3-38）：從根節點開始，遞歸選擇最優的子節點，向下直至一個「存在未擴展的子節點（就是指這個局面存在未走過的後續著法）」，見圖中的 3/3 節點。選擇子節點的方法使得遊戲樹向最優的方向擴展是蒙特卡羅搜尋的關鍵所在。

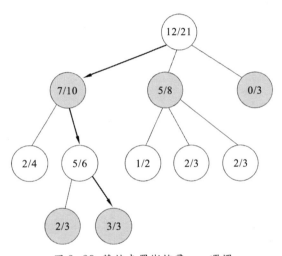

圖 3-38 蒙特卡羅樹搜尋——選擇

（2）擴展（見圖 3-39）：如果任意一方贏棋或者輸棋則遊戲結束，否則創建一個子節點，對應第一步所說的「未擴展的子節點」，也就是說一個還沒有試過的步法。圖 3-39 給 3/3 這個節點加上一個 0/0 子節點。

（3）模擬（見圖 3-40）：從 0/0 節點開始，用快速走子策略（rollout policy）進行遊戲，直至結束得到一個勝負結果。快速走子策略與 AlphaGo 的網路走子策略相比，具有耗時短、單位時間內模擬次數多的優點。

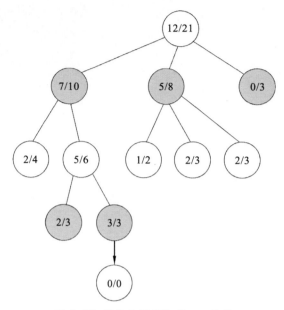

圖 3-39　蒙特卡羅樹搜尋──擴展

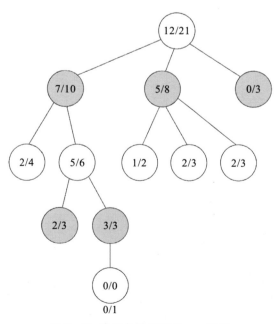

圖 3-40　蒙特卡羅樹搜尋──模擬

（4）回溯（見圖3-41）：把此次模擬的結果加到它的所有父節點上，例如，此次模擬的結果是 0/1（黑子勝），就給它的所有父節點都加上 0/1。

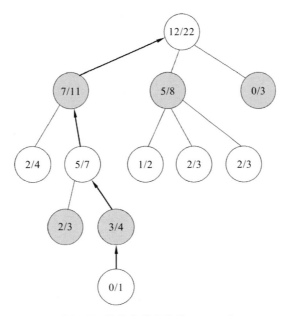

圖 3-41　蒙特卡羅樹搜尋——回溯

那麼，子節點到底是怎麼選擇的呢？這個停止條件要視情況而定，在圍棋比賽中，思考時間是有限的，那麼只要時間允許，就可以一直允許蒙特卡羅樹搜尋進行下去。一旦蒙特卡羅樹搜尋結束，選擇獲勝機率最高的一步即可。

選擇子節點的主要困難是如何保持對深層次變形的利用和對少數模擬移動的探索之間的平衡。UCT（upper confidence bound 1 applied to trees，上限置信區間算法）是第一個被用在遊戲中來平衡對深層次變形的利用和對少數模擬移動的探索的公式，是用在當前眾多 MCTS 實現中的算法版本。這個公式是由匈牙利國家科學院電腦與自動化研究所高級研究員列文特‧科奇什與阿爾伯塔大學全職教授喬鮑‧塞派什瓦裡提

出的，UCT 基於奧爾（Auer）、西薩．比安奇（Cesa Bianchi）和費舍爾（Fischer）提出的 UCB1 公式，並首次由馬庫斯等人應用於馬爾科夫決策過程。

科奇什（Kocsis）和塞派什瓦里（Szepesvári）建議選擇遊戲樹中的每個節點移動，使式（3-1）具有最大值。

$$\frac{w_i}{n_i} + c\sqrt{\frac{\ln t}{n_i}} \tag{3-1}$$

其中：w_i 代表第 i 次移動後獲勝的次數；n_i 代表第 i 次移動後模擬的次數；c 為探索參數，理論上等於 $\sqrt{2}$，在實際中通常可憑經驗選擇；t 代表仿真總次數，等於所有 n_i 的和。

大多數當代蒙特卡羅樹搜尋的實現都是基於 UCT 的一些變形。

3.4.4 成功祕訣：策略網路與價值網路

圍棋是一種完整資訊博弈，任何完整資訊博弈的本質都是搜尋。搜尋的複雜度取決於搜尋空間的寬度（每步的選擇多寡）和深度（博弈的步數）。AlphaGo[10] 用卷積神經網路（CNN）來訓練價值網路和策略網路。價值網路用來消減搜尋深度，策略網路用來消減搜尋寬度，從而極大的縮小了搜尋範圍（見圖 3-42），策略網路和價值網路都由卷積神經網路構成。

價值網路的功能是用一個「價值」來評估當前的棋局。價值網路的輸入是棋局局面 s，輸出是這個局面的「價值」，在這裡，可以理解成勝負的機率，可以用 0 到 1 之間的數字來表示。對於一種棋局，如果我們可以直接判斷這個棋局的好壞，就可以避免對它所有後續狀態的探索，從而可以利用價值網路消減搜尋深度。

策略網路的功能是評估給定棋局下每一種走子方案的勝率，從而根據當前盤面狀態來選擇走棋策略。在數學上，就是估計一個在各個合法

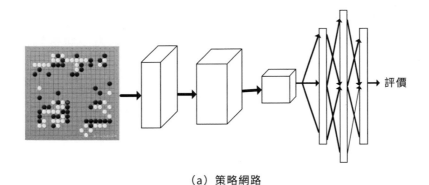

（a）策略網路

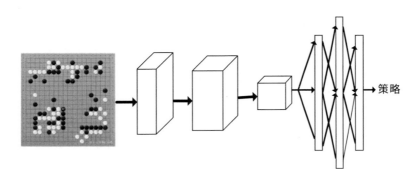

（b）價值網路

圖 3-42 卷積神經網路的構成

位置上，下子獲勝的可能的機率分布。因為有些下法的獲勝機率很低，可忽略，所以用策略評估就可以消減搜尋寬度。

　　下面結合 AlphaGo 的工作原理介紹策略網路（policy worknet）和價值網路（value worknet）是怎樣工作的 [11]。

　　策略網路是一個模型，它使用深度學習、監督學習、增強學習等方法來預測下一步棋「大概」該走哪裡。策略網路的輸入是當前的棋局（19×19 的棋盤，每個位置有黑、白和空 3 種狀態），輸出的是棋子最可能的步法，棋盤上的每一個空位都對應一個機率。AlphaGo 面對一個局面時下一步大概怎麼走已經瞭然於胸，這是因為 AlphaGo 事先已經從 KGS 圍棋伺服器上向職業選手學習了 3,000 萬個局面的下一步，

而且學習成果非常驚人：不僅記住了某個局面的下一步怎麼走，還記住了相似局面的下一步步法，所以當 AlphaGo 學習的局面足夠多時，就掌握了所有不同局面的下法。這種學習叫做「監督學習（supervised learning）」，對於 AlphaGo 而言，它所學習的職業棋手的棋譜就是它的老師。

　　AlphaGo 學習完職業棋手的棋譜後，為了使自己更加強大，還要透過自我對弈模擬（此處的模擬是線上下棋中使用的，用來預測），找到更好的策略。舉個簡單的例子，假設 AlphaGo 透過監督學習學習到了一個策略 P_0，AlphaGo 另外再複製一個模型參數和 P_0 相同的模型 P_1，對 P_1 的參數進行稍微改變後，讓 P_1 和 P_0 下棋，假設黑色棋子用 P_1 選擇下一步怎麼走，白色棋子用 P_0 選擇下一步怎麼走，直到下完（終局）。經過多次模擬後，如果 P_1 贏得比 P_0 多，那麼 P_1 就保留新參數使用，不然就在原來參數的基礎上繼續改變參數進行自我對弈。這樣一來，我們最終會獲得一個比 P_0 強一點點的 P_1。經過多次上述過程的學習，AlphaGo 一次次超越自己，變得越來越強，這種學習就是強化學習。強化學習過程中沒有直接的監督資訊，而是在下棋的環境中使用模型，模型和環境之間相互作用，根據模型完成下棋任務的好壞，環境對結果給出反饋，模型根據環境給出的反饋更新參數，以便更好的完成贏棋任務。強化學習後，AlphaGo 在 80% 的棋局中戰勝以前的自己。另外，AlphaGo 還有一個最小的策略網路，稱為 rollout，它的模型小，輸入也比正常的策略網路小，用於在上述模擬中快速模擬終局，雖然它沒有前面所說的策略準，但它的優勢是快。

　　那價值網路又是如何工作的呢？先看以下公式：

$$V^*(s) = V_{P^*}(s) \approx V_P(s) \qquad (3\text{-}2)$$

　　其中，s 是棋盤的狀態，即上面說的 19×19 的棋盤，每個位置有黑、白和空 3 種狀態；V 是對狀態的評估，即黑色棋子贏的機率是多少；

V^* 是 V 的真實值；P^* 是對應產生正解的策略；P 是 AlphaGo 透過強化學習得到的最強策略。如果模擬以後每一步都是正解 P*，得到的結果就是 V^*。理論上，P^* 和 V^* 都存在，但在實際中，由於搜尋空間和計算量都太大（圍棋中），根本無法找到 P^* 和 V^*。那麼 AlphaGo 是怎麼做的呢？它用前面強化學習中學習到的最強策略 P 來近似產生正解的 P^*，進而用 VP 來近似 V^*，即使 VP 只是一個近似，但它已經很厲害了，它是超越了所學職業棋手和自身水準後得到的。頂級職業棋手一般會想以後的 20～40 步，偶爾還會犯錯，但是機器不一樣，AlphaGo 是模擬到終局，從全局來考慮每一次的走法，而且很少會犯錯。

那麼究竟如何從策略網路得到價值網路呢？

AlphaGo 在線下透過自我對弈學習時（也稱為模擬，與前述的模擬不同），黑色棋子和白色棋子均使用最強的策略，直到終局，終局時哪一方贏棋就很容易判斷了，得到了 V，進而也就得到了 V^*，以便對形勢進行判斷。當然，對機器來說這整個過程也不是那麼容易的。

價值網路也是一個監督的強化學習的模型，多次線下自我對弈學習的結果為價值網路提供監督資訊。它的模型結構和策略網路類似，但學習目標不同，策略網路學習的目標是當前局面的下一步棋如何走，而價值網路學習的目標是走這一步後贏的機率。價值網路預測走這一步後贏得機率是透過用最強策略來近似正解，透過模擬得到近似準確的形勢判斷 V*。價值網路主要用於在線下下棋時得到平均的形勢判斷。

3.4.5 成功祕訣：強化學習

強化學習 [12] 是機器學習的一個重要分支。機器學習主要包括監督學習（supervised learning）、無監督學習（unsupervised learning）和強化學習（reinforcement learning）三種（見圖 3-43）。有監督學習的目標是從一個已經標記的訓練集中進行學習，無監督學習的目標是從

一堆未標記樣本中發現隱藏的結構，而強化學習的目標則是在當前行動和未來狀態中獲得最大回報。在邊獲得樣例邊學習的過程中，不斷疊代「在當前模型的情況下，如何選擇下一步的行動才對完善當前的模型最有利」的過程直到模型收斂。強化學習在機器博弈以外還有很多應用，如無人駕駛和廣告投放等。例如，阿里巴巴公司在「雙 11」推薦場景中，使用了深度強化學習與自適應線上學習建立決策引擎，對大量客戶行為以及百億商品特徵進行即時分析，提高人和商品的配對效率，將手機使用者點擊率提升了 10%～20%。

圖 3-43　機器學習分支

　　強化學習又稱再勵學習、評價學習或增強學習，涉及數學、工程、計算科學、神經科學、心理學和經濟學等眾多學科（見圖 3-44），用於描述和解決智慧體（agent）在與環境的交互作用過程中，透過學習策略以達成報酬最大化或實現特定目標的問題。這個方法具有普適性，在許多其他領域都有研究，如博弈論、控制論、作業研究、資訊論、模擬最佳化方法、多主體系統學習、群體智慧、統計學以及遺傳演算法。強化學習方法包括自適應動態規畫（ADP）、時間差分（TD）學習、狀態 —— 動作 —— 回報 —— 狀態 —— 動作（SARSA）演算法、Q 學習、

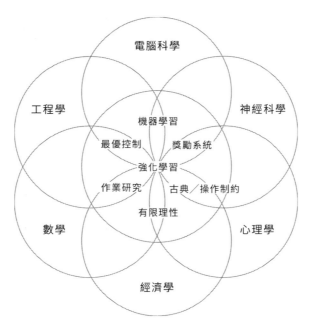

圖 3-44 強化學習的多學科交叉性

深度強化學習（DQN）等。強化學習應用範圍很廣，如直升機上的特技表演、西洋雙陸棋的勝利、證券投資組合的管理、發電廠的控制、實現機器人行走、在眾多遊戲上戰勝人類等。

強化學習的基本要素包括智慧體、行動、環境、狀態和獎勵等 10 項，其含義如下。

（1）智慧體（agent）：指可以採取行動的智慧個體，是動作的行使者。例如，可以完成貨物配送的無人機，或者在電子遊戲中奔跑跳躍著朝目標行動的超級瑪利歐。

（2）行動（action）：指智慧體可以採取的行動的集合。一個行動是智慧體所進行的一個具體動作。值得注意的是，智慧體需要從一系列潛在行動中進行選擇。例如，在電子遊戲中，這些行動可能包括向左奔跑或者向右奔跑、不同高度的跳躍、下蹲或者站著不動。在股市中，這些行動可能包括買入、賣出或者持有任意一種證券或其衍生品。在空中飛

行的無人機，這些行動選項包含立體空間中許多不同的速度和加速度。

（3）環境（environment）：指智慧體行走於其中的世界。

（4）狀態（state，S）：指智慧體的處境，是由環境返回的當前形勢。一個狀態就是智慧體所處的具體即時狀態。如位於地圖中某個特定方塊或房間中某個角落。

（5）獎勵（reward，R）：是衡量某個智慧體行動成敗的反饋。例如，在電子遊戲中，當瑪利歐碰到金幣的時候，它就能贏得分數。智慧體面向環境發出以行動為形式的輸出，而環境則返回智慧體的新狀態及獎勵。獎勵可能是即時的，也可能是遲滯的。獎勵能夠有效的評估智慧體的行動。

（6）策略（policy，π）：代表智慧體採取動作的依據，也就是說，智慧體會根據這個策略 π 來選擇動作。最常見的策略表達方式是一個條件機率分布 $\pi(a|s) = P(At=a|St=s)$，即在狀態 s 時採取動作 a 的機率。機率大的動作被智慧體選擇的機率較高。

（7）智慧體在策略 π 和狀態 s 時，採取行動後的價值（value）：一般用 $v_\pi(s)$ 表示，通常是一個期望函數。這是因為，雖然當前行動會給一個延時獎勵 R_{t+1}，也許當前的延時獎勵很高，但並不代表到了 $t+1$，$t+2$，…時刻的後續獎勵也高，所以只考慮這個延時獎勵是不夠的。如下象棋，假如某個行動可以吃掉對方的車，吃掉對方的車這個行動的延時獎勵是很高，但是緊接著我們也輸棋了。所以，此時吃車的這個行動的延時獎勵值高但是價值並不高。所以，智慧體採取行動後的價值需要綜合考慮當前的延時獎勵和後續獎勵。價值函數一般可以用 $v_\pi(s) = E_\pi(R_{t+1} + \gamma R_{t+2} + \gamma 2R_{t+3} + \cdots|S_t=s)$ 表示，不同的算法所對應的價值函數會有一些變化，但思路是相同的。

（8）獎勵衰減因子 γ：γ 在 [0，1] 之間。如果 $\gamma=0$，是貪婪法，即價值只由當前延時獎勵決定；如果 $\gamma=1$，則所有的後續狀態獎勵和當前延

時獎勵一視同仁。一般情況下我們會使用一個 0 到 1 之間的數字，使當前延時獎勵的權重大於後續狀態獎勵的權重。

（9）環境的狀態轉化模型：這個模型可以理解為一個機率狀態機，它可以用一個機率模型表示，即在狀態 s 下採取動作 a 轉到下一個狀態 s' 的機率，用表示。

（10）探索率 ε：它主要用在強化學習訓練疊代過程中，一般情況下我們會選擇使當前輪疊代價值最大的動作，但這會導致我們錯過一些較好的卻沒有執行過的動作。所以在訓練過程中選擇最優動作時，會有一定的機率 ε 不選擇使當前輪疊代價值最大的動作，而選擇其他的動作。

智慧體選擇一個合適的動作 A_t，選擇的原則是使受到獎勵的機率增大，因為環境有自己的狀態模型，在選擇了動作 A_t 後，環境的狀態就會改變，環境的狀態變為 S_{t+1}，同時得到了採取動作 A_t 的獎勵 R_t，然後智慧體可以繼續選擇下一個合適的動作，環境的狀態則又會隨之改變，又會有新的獎勵……這就是強化學習的思路。

3.5 參考文獻

[1] 鄭昌松，賈麗娟，權賀，等．基於西洋跳棋的博弈程式研究 [J]．哈爾濱理工大學學報，2016（03）：24-28.

[2] 許峰雄．「深藍」揭祕：追尋人工智慧聖盃之旅 [M]．上海：上海科技教育出版社，2005.

[3] Ferrucci David, Brown Eric, Chu-Carroll Jennifer, et al. Building Watson: An Overview of the DeepQA Project[J]. AI Magazine, 2010, 31 (3)．

[4] 高源．自然語言處理發展與應用概述 [J]．中國新通信，2019，21（02）：122-123.

[5] 李娟子，侯磊・知識圖譜研究綜述 [J]・山西大學學報（自然科學版），
2017，40（3）：454-459.

[6] 胡曉峰，賀筱媛，陶九陽・AlphaGo 的突破與兵棋推演的挑戰 [J]・科技導
報，2017（21）：51-62.

[7] 邵坤，唐振韜，趙冬斌・自動化所解讀「深度強化學習」：從 AlphaGo 到
AlphaGo Zero [EB/OL].（2017-10-21）[2019-08-15].

[8] 王芮・AlphaGo 開發者：不存在祕密協議請尊重李世乭 [EB/OL].（2016-
03-11）[2019-08-15].

[9] Rémi Coulom. Efficient Selectivity and Backup Operators in Monte-
Carlo Tree Search [A]. Computers and Games, 5th International
Conference. Berlin: Springer, 2007: 72-83.

[10] Silver D., Huang A., Maddison C. J., et al. Mastering the game of Go
with deep neural networks and tree search[J]. nature, 2016, 529 (7587)
: 484.

[11] 中國 IDC 圈編者・這是迄今為止，AlphaGo 算法最清晰的解讀 [EB/OL].
（2016-06-03）[2019-08-15].

[12] Sutton R. S., Barto A. G.. Reinforcement learning: An introduction[M].
Cambridge, MA: MIT press, 2018.

第 4 章

從「人工智慧」到「類人智慧」

　　人機大戰的過程無疑是非常精彩的，其推動的技術進步也是令人興奮的，隨著越來越多關於人工智慧在各個領域超越甚至完勝人類頂尖選手的新聞出現，似乎全世界都沉浸於人工智慧改變一切的狂熱之中。這不禁讓我們又想起了 100 年前電力革命帶來的生產力水準和生產效率的空前爆發所導致的盲目樂觀，如鋪天蓋地的新聞和廣告都在宣傳用電可將整個大陸變為熱帶花園，並能實現對天氣的絕對控制。事實上，到目前為止，人工智慧的發展還任重道遠，甚至在遠期發展目標上仍存在困惑。人工智慧的未來是否能取代人類？有識之士對此有著深刻見解。

　　人工智慧可能在接下來的 100 年之內就將人類取而代之。成功製造出一臺人工智慧機器人將是人類歷史上的里程碑。但不幸的是，它也可能會成為我們歷史上最後的一個里程碑。

——著名物理學家、宇宙學家霍金

　　從「深藍」到「華生」再到橫空出世的 AlphaGo，我們感受到了人工智慧在博弈遊戲，特別是在完整資訊博弈遊戲中表現出來的強大能力，但其展示更多的是算力和演算法能力，還不是我們傳統認識中的「認知智慧」。儘管人工智慧在不完整資訊博弈對抗中也正在獲得越來越出色的成績，包括對複雜環境的認知、對不明確規則的理解、對「戰爭迷霧」的判斷等，但仍有一些深層次的智慧是目前人工智慧尚未觸及的問題。

　　首先是人工智慧的訓練目標問題。現有人工智慧訓練時，大多需要人為設定一個報酬目標，以獲得最優報酬作為疊代進化的方向。一旦目標設定不夠謹慎，就可能引發一些「笑話」。例如，在訓練機械手的抓握能力時，因為抓握是否成功是由攝影鏡頭判斷的，所以機械手就學會把自己移動到攝影鏡頭和目標物體之間，假裝自己抓住了；訓練掃地機器人的路徑規劃能力時，人們不希望它撞到東西而觸發碰撞感測器，結

果機器人學會了倒退掃地法，因為它的後面沒有碰撞感測器；還有學習自動駕駛任務時，因為評價指標是開得快且不撞到其他物體，所以訓練出的自動駕駛汽車只會不停的原地轉圈圈……從「要我學」到「我要學」是人工智慧緊迫需要解決的問題之一。再來看另一個例子：

> 「雲大怒，縱馬來戰。兩馬相交，不數合，雲詐敗而走。夏侯惇從後追趕。雲約走十餘里，回馬又戰。不數合又走。」

> ——《三國演義》第三十九回

一部《三國演義》，把中國古人的戰爭智慧描述得淋漓盡致。這裡趙雲真的敗了嗎？人工智慧系統如何辨識「詭詐」，如何判斷風險，又在何時能夠學會對對手使出類似的招數呢？現有的人工智慧技術放在我們的人類社會中，可能只稱得上是個「天真可愛傻」，雖然聰明耿直但是缺少情商，發展人類高階的社會認知能力也是人工智慧亟待解決的關鍵問題。

我們必須承認，儘管還有很長的路要走，但是沒有什麼力量能夠阻擋人工智慧技術快速發展的腳步，我們所期待的下一次人機大戰必將更加精彩！

4.1 社會博弈的挑戰

人工智慧已經在基於確定規則的象棋、圍棋和知識問答人機博弈領域中充分展現出其在計算、搜尋、感知等方面的超強能力，但針對更激烈、更複雜、更需要團體合作的規則不完備型人機博弈領域，仍在探索和醞釀之中，並產生了一些初步成果，如 DeepMind 開始挑戰即時策略遊戲《星海爭霸》，卡內基美隆大學與 Facebook 合作研發德州撲克遊戲 AI Pluribus，Google 無人駕駛車已經獲得駕駛許可證等。人工智慧

正在全面出擊，深入到人類社會的各個方面，試圖從「人工」的智慧進化成為「類人」的智慧。

4.1.1 征服完整資訊博弈遊戲

博弈是在一定的遊戲規則約束下，在直接相互作用的環境條件範圍內，各參與方依靠所掌握的資訊對各自的策略（行動）做出決策，以實現利益最大化和風險成本最小化的過程。人工智慧可以高居西洋棋世界排名前十，也可以橫掃圍棋高手 60 ：0，但是在另一類具有廣泛群眾基礎的麻將遊戲中，卻還是個初出茅廬的新手玩家。這是因為圍棋和麻將屬於兩種不同的博弈遊戲類型，導致其在演算法設計與算力分配方面具有很大不同。

圍棋在比賽過程中的盤面資訊對雙方都是透明的，屬於完整資訊博弈，即每一參與者都擁有所有其他參與者的特徵、策略及目標最佳化函數等方面的準確資訊。完整資訊博弈又分為動態資訊博弈和靜態資訊博弈，它們均有簡單明確的規則和判定勝負的標準，而且在博弈過程中雙方資訊是完全透明的，人工智慧可以對完全確定的狀態空間進行有效搜尋。其中，完整資訊靜態博弈是指各博弈方同時決策，且所有博弈方對博弈中的各種情況下的策略及其得益都完全了解，如剪刀、石頭、布遊戲；而完整資訊動態博弈則是指參與方的行動分先後順序，後動者可以觀察到前者的行動，了解前者行動的所有資訊，如五子棋、象棋、圍棋等。在完整資訊博弈中，人工智慧可以充分發揮其強大的計算和搜尋能力，根據完整的盤面資訊決定自己的策略。

無論是西洋棋還是圍棋，人工智慧在進行落子選擇時都是進行狀態空間的搜尋，西洋棋的搜尋空間大約為 10^{46}，「深藍」正是運用局勢評估函數和 α-β 剪枝搜尋演算法對象棋的狀態空間進行窮舉搜尋，制定最優策略從而戰勝卡斯帕洛夫 [1]；圍棋的搜尋空間大約為 10^{170}，由於搜尋

空間太大，無法使用評估函數和 α-β 剪枝搜尋演算法在有限時間內進行狀態窮舉 [2]，因此 AlphaGo 提出策略網路和價值網路來模擬人類的下棋感覺和人類對棋面的綜合評估方式，並運用蒙特卡羅樹搜尋將二者結合來模擬人類「深思熟慮」的下棋搜尋過程 [3]。

而麻將遊戲中，參與者並不知道對方的牌面，只能根據桌面上亮出的牌及自己手中的牌去猜測對方的資訊，屬於不完整資訊博弈，即參與者不完全了解其他參與方的特徵和資訊，只知道每一種類型出現的機率。不完整資訊博弈同樣分為不完整資訊靜態博弈（如密封報價拍賣等）及不完整資訊動態博弈（如鬥地主、德州撲克、橋牌等），兩類情況下人工智慧都面對不確定性條件所帶來的指數級搜尋空間，在時間和算力約束下難以進行窮舉式計算和搜尋。對於麻將而言，人工智慧還有另一個極大的挑戰，就是人類玩家不僅要知道怎麼讓自己贏，同時還要透過察言觀色、聲東擊西等社會認知方法不讓別人贏。有人說圍棋是一種文化，麻將則是一個「江湖」。

對於不完整資訊博弈來說，資訊是不透明、不對稱的，所以對於參與者來說博弈過程中的狀態是無法確定的。如在鬥地主遊戲中，玩家自己手裡拿的牌是明確的，而對手拿了不同的牌則對應著不同的博弈狀態。但由於存在太多的隱藏資訊，所以從自己的角度看這些狀態是不可區分的。正是由於完整資訊博弈和不完整資訊博弈兩者的博弈狀態具有較大差別，所以導致其在博弈過程中的策略制定方法具有明顯差異。完整資訊博弈是針對一個明確的狀態向後推演，透過遍歷所有可能性找到對自己最有利的行動；而不完整資訊博弈則是從一個範圍（存在但不確定的多種狀態可能性）出發，尋找可獲得最大機率報酬期望值的策略（行動）並向後推演。

4.1.2 探索不完整資訊博弈遊戲

在 AlphaGo 出現以後，人工智慧在幾乎所有完整資訊博弈遊戲中已經處於無敵的狀態，但它並不寂寞，因為它又開始迎接不完整資訊博弈遊戲的新挑戰。

在攻克圍棋以後，DeepMind 團隊迅速將即時策略遊戲《星海爭霸》作為下一個人工智慧的主攻點。2016 年 11 月 4 號，Google DeepMind 和暴雪公司共同推出了一款讓人工智慧直接玩《星海爭霸 II》的工具包。這個工具包專門為開發者設計，可以讓人工智慧與多達 20 種類型的遊戲界面互動。相對圍棋而言，即時策略遊戲是一個更加艱鉅的任務。在圍棋中，對手的每一次落子都可以清晰的傳遞給人工智慧，從而讓人工智慧根據以後若干步的窮舉計算出最佳對策；而在即時策略遊戲中，由於戰爭迷霧的存在，對手的每一步動作、戰術策略並不能讓人工智慧直接在第一時間得知，因此人工智慧的首要工作是預測對手可能的行為，而預測的準確性將極大的影響人工智慧的戰術選擇 [4]。

DeepMind 並不是第一個想要征服《星海爭霸》的人工智慧，在過去的幾年時間裡，以《星海爭霸》為基礎展開的人工智慧研究一直在上演。最著名且歷史最悠久的，就要數 2010 年開始由美國加州大學聖塔克魯茲分校舉辦的人工智慧與互動式數位娛樂大會（AIIDE）了。每年都會有來自世界各地的大學或者實驗室，帶著自己的作品來這裡進行比拚。AIIDE 的比賽提供了一個人工智慧之間比賽的平臺，屬於機機博弈而非人機博弈形式。每年的 AIIDE 最後都有一個保留節目，就是最後獲得冠軍的人工智慧機器會與一名非專業的人類選手進行較量。儘管這樣的表演賽看起來更像是一個非正式的「助興節目」，但是直到 2017 年，人工智慧對陣人類選手還是難求一勝。此外，加州大學柏克萊分校也一直在運行著一個長期項目 OverMind，提供一個類似 DeepMind 的開源

API，致力於挑戰《星海爭霸：怒火燎原》遊戲。

正所謂「只要功夫深，鐵杵磨成針」。即時策略遊戲人工智慧透過不斷的學習和進步，終於在 2019 年初迎來了戰勝人類選手的那一刻。這次戰勝人類選手的人工智慧叫 AlphaStar，依舊來自具有深厚技術累積的 DeepMind 公司。

北京時間 2019 年 1 月 25 日凌晨 2 點，Google 旗下的人工智慧公司 DeepMind 在倫敦舉辦線上直播，公布了 10 局《星海爭霸 II》比賽錄影，由其研發的遊戲類人工智慧 AlphaStar 向兩名《星海爭霸 II》職業遊戲玩家挑戰。錄影結果顯示兩名職業玩家都以 0：5 輸給 AlphaStar，人工智慧大獲全勝！

雖然這次比賽還無法證明 AlphaStar 已經超越人類最強選手，但是不可否認其技術框架又有了新的突破。總結起來，AlphaStar 包括以下兩個主要特點。

1. 深度學習＋強化學習框架

無論是強化學習還是監督學習，其背後都是由人工神經網路支撐的。監督學習能夠獲得突破是因為它們訓練資料中具有人工標識的標籤，也就是自帶正確答案，因此能夠確保得到一個結果；而強化學習過程沒有正確答案，只有一個用於評價決策最佳化程度的獎懲函數，難以實現初期的快速訓練和對抗水準提高，特別是模型的收斂性難以控制。為了保證訓練效果和訓練速度，使人工智慧體快速達到較高博弈水準，AlphaStar 的開發團隊首先讓神經網路學習以往遊戲重播資料和人類經驗，透過監督學習方法縮短初期訓練時間，然後利用強化學習賦予智慧體自我監督學習能力，使其在與環境自主交互作用的過程中透過不斷的試錯實現進化和能力提升。據 DeepMind 科學家 Oriol Vinyals 和 David Silver 介紹，團隊從許多人類選手那裡獲得了很多遊戲重播資

料，並試圖讓人工智慧透過觀察人類玩家所處的環境，盡可能的模仿特定場景下的特定動作，從而獲得《星海爭霸》遊戲的基本經驗。據美國雜誌《連線》的文章稱，AlphaStar 分析了大約 50 萬份匿名的遊戲重播資料，初步讓 AlphaStar 掌握了模仿人類策略的能力。

2. 基於 LTSM 的長短期記憶強化學習訓練

非完整資訊博弈過程中由於戰爭迷霧的存在，無法了解對手的全部資訊，所以在進行決策時，需要對未知區域、未知對抗單元的行動及可能的策略進行預估，從而制定己方更為合理、準確的決策。由於博弈過程是連續性的，所以在決策時需要綜合過去和當前態勢，以及未來的可能性。

通常人們利用循環神經網路 RNN 來實現資訊隨時間的轉移。一般來說，如果下一時刻的狀態中包含當前的資訊，那麼這個傳遞過程中就被認為包含了記憶。如果過去的資訊向將來不停的疊代，神經網路中就會含有歷史的全部記憶，這有利於實現資訊的綜合利用，為博弈決策提供全面的依據。但另一方面，這也會造成大量資訊的冗餘，帶來不必要的儲存空間浪費。與 RNN 相比，LSTM 多了一層記憶細胞層，可以把過去的資訊和當前的資訊隔離開來，歷史資訊隨著時間推進逐漸衰減，類似人類的遺忘機制，這樣可以保證有價值且常用的經驗保存下來，而在疊代訓練中無用的試錯資訊漸漸淡忘。

除此以外，DeepMind 還基於不同玩家遊戲重播資料製作出多個 AlphaStar 的進化版本和分枝狀態，讓它們按 Alpha League 聯賽模式採用不同的戰術策略兩兩捉對廝殺，透過自我博弈的快速訓練不斷疊代人工智慧。

在不斷挑戰即時策略遊戲的同時，人工智慧也沒有忘記玩撲克。

在 2015 年舉行的一次德州撲克「人機大戰」中，卡內基美隆大學

開發的一個較早版本的人工智慧 Claudico 輸給了人類選手。到了 2017 年初，加拿大亞伯達大學和捷克兩所大學的研究人員說，他們研發的人工智慧 DeepStack 首次在一對一無限注德州撲克中擊敗人類職業撲克玩家。卡內基美隆大學教授桑德霍姆（Sandholm）在接受媒體採訪時認為，DeepStack 的勝利並不足喜，因為它並未與最頂尖的人類選手比賽。桑德霍姆教授敢這麼說是有底氣的，由卡內基美隆大學開發的人工智慧系統 Libratus 在長達 20 天的鏖戰中，擊敗 4 名世界頂級德州撲克玩家，贏得 1,766,250 美元籌碼，這個成就顯然超越了其他撲克人工智慧體。

Libratus 團隊每晚用超級電腦來分析白天的比賽，檢測自身在每輪比賽中的弱點。其設定的目標是每天補救三個最明顯的失誤，而不是試圖學習對手的制勝戰術。演算法的更新需要時間，算力也終歸是有限的，短期內最有可能改變的仍是修補 bug、提高智慧體的防禦能力。

2019 年 7 月 11 日，卡內基美隆大學再次宣布，該校和 Facebook 公司合作開發的人工智慧體 Pluribus 在六人桌德州撲克比賽中擊敗多名世界頂尖選手，人工智慧在多人遊戲中又一次戰勝人類。

突破了撲克之後，麻將遊戲成為下一個挑戰。微軟亞洲研究院開發的麻將 AI Suphx 一直在努力。

麻將 AI Suphx 在 2019 年 3 月開始登錄天鳳平臺，歷時近三個多月、與人類玩家展開了 5,000 餘場四人麻將對局後，6 月，Suphx 成功晉級天鳳十段。它也是首個晉級十段的麻將 AI 系統。

Suphx 的初始化階段，使用天鳳平臺提供的公開資料，利用人工標注進行有監督學習，得到一個初始智慧體模型。這個階段依賴傳統機器學習方法，靠的還是大量的資料。

在這個初始模型基礎上，Suphx 進一步用自我博弈的方式進行強化學習。為了克服非完整資訊博弈的問題，研究者在訓練階段利用一些不

可見的隱藏資訊來引導人工智慧模型的訓練方向，讓它的學習路徑更加清晰、更加接近完整資訊意義下的最優路徑。這種方法促使人工智慧更加深入的理解可見資訊的價值，以從中找到有效的決策依據，該方法被稱為「先知教練」。

與此同時，對於麻將複雜的牌面表達和計分機制，研究團隊還利用「全局預測」技術搭建起每輪比賽和 8 輪過後的終盤結果之間的橋樑。這個預測器可以理解每輪比賽對終盤的不同貢獻，從而將終盤的獎勵信號合理的分配回每一輪比賽中，以便對自我博弈的過程進行更加直接而有效的指導，該方法還使 Suphx 學會了一些具有大局觀點的高階技巧。

為了應對龐大的狀態空間，研究團隊還引入全新的機制對搜尋過程的多樣性進行動態調控，讓 Suphx 可以比傳統演算法更加充分的試探牌局狀態的不同可能。隨著每輪牌局的進程，桌面上的可見牌面資訊越來越多，未知狀態子空間會大幅縮小，所以研究團隊讓 Suphx 在推理階段根據本輪的牌局來動態調整策略，對縮小了的狀態子空間進行更有針對性的探索，從而更好的根據本輪牌局的演進做出自適應的決策。

人工智慧在不完整資訊博弈遊戲中獲得的進展是極為迅速的，甚至剛剛提起哪個遊戲是下一個挑戰，用不了多久就會出現震撼性的人機大戰新聞。奇怪的是，大部分新聞出現之後就沒有了後文，似乎攀登者翻過了這座山後就退休回家了。事實並非如此，博弈遊戲的背後往往是人類活動的抽象，而博弈遊戲中所設計出的新方法和新框架，稍做改動後也可用於人類活動的仿真和指導，首先應用的就是軍事領域。[5]

4.2 終極對決──軍事人機博弈

世界上第一臺可程式化的「科洛薩斯」電腦誕生於二戰期間的英國，其目的就是為了幫助英軍破譯德軍密碼。自那時起，資訊技術的發

展應用使得軍事領域發生著日新月異的革命性變化。資訊領域發展史上一些著名的發明，如電腦、網際網路、雷射、核分裂、衛星等，都是由戰爭需求牽引產生出來的，即使最初並沒有用於戰爭，但也會很快被納入戰爭需求的軌道。那人工智慧又能對戰場產生什麼影響呢？能成為下一個影響戰爭形態和作戰樣式發展趨勢的關鍵技術嗎？

4.2.1 軍事人機博弈的特點和難點

戰爭是人類社會最極端的博弈形式，是需要以犧牲人類生命為代價的。隨著資訊化、智慧化技術的不斷發展，作戰空間不斷擴大、戰場態勢日益複雜、戰爭形態不斷變化，如何快速收集戰場資訊、準確實現戰場認知、高效能形成作戰方案決策將成為影響戰爭走向和最終結果的關鍵因素。另一方面，由於資訊化戰爭的不斷發展，如何實現狀態認知、作戰籌劃、新型作戰打擊等成為了軍事研究的熱門焦點。而伴隨著人工智慧和電腦運算能力的發展，實現軍事作戰智慧化已然成為發展的趨勢。與象棋、圍棋領域的人機博弈不同，軍事智慧領域的人機博弈更多的是驗證軍事智慧的水準，從而為軍事服務，而不是徹底的打敗人類。[6]

自 AlphaGo 擊敗世界圍棋高手以後，以「深度學習」為代表的技術框架獲得了突飛猛進的突破，也讓人工智慧在軍事智慧系統、軍事人機博弈方面的應用成為探究焦點。美軍在 2014 年 9 月提出「第三次抵銷策略」，力求在軍事智慧化上與潛在對手拉開代差，目前已進入全面實施階段[7]。美國國防部副部長沃克（Work）提出，自主學習、實現更及時決策的人機合作、機器輔助人員作戰、有人 —— 無人作戰編組、網路化半自主武器將是「第三次抵銷策略」重點發展的五大關鍵技術領域。是否能研究出支援技術應用的演算法，提升人工智慧、自主技術的水準，將成為決定上述各主要方向技術發展的關鍵所在。俄羅斯始於 2008 年的「新面貌改革」將人工智慧作為重點投資領域。此外，俄羅斯還發表

《2025 年前發展軍事科學綜合體構想》，強調人工智慧系統將成為決定未來戰爭成敗的關鍵要素。2016 年 10 月，美國白宮又發表了《國家人工智慧研究和發展策略規畫》，建構美國人工智慧發展的實施框架。

　　隨著戰爭資訊化程度不斷提高，作戰空間不斷擴大，作戰態勢日趨複雜，作戰樣式的不斷變化，戰場大數據的爆炸式成長，加之無人化作戰、網路空間作戰等「秒殺」作戰樣式的出現，現在戰爭的智慧化需求不斷增強。[8] 未來戰爭中，戰場認知與決策速度將成為戰爭勝負的決定因素，誰能夠更快的處理戰場資訊、理解態勢、實施決策並執行打擊，誰就能贏得主動。以美國空軍完成一次火力打擊任務準備為例，在波斯灣戰爭時需要 100 分鐘，在科索沃戰爭時需要 40 分鐘，在阿富汗戰爭時需要 20 分鐘，而到了伊拉克戰爭只需要 1 分鐘。

　　人工智慧技術的發展和應用水準，將成為未來戰爭的關鍵。新美國安全中心研究員格雷戈里・艾倫（Gregory C. Allen）在其主筆的一份題為〈人工智慧與國家安全〉的報告中強調：「人工智慧對國家安全領域帶來的影響將是革命性的，而不僅僅是與眾不同的。世界各國政府將會考慮制定非凡的政策，可能會像核武器剛出現時一樣徹底。」那人工智慧又將對戰場產生什麼影響呢？它能成為下一個影響戰爭形態和作戰模式發展趨勢的關鍵技術嗎？更深入一步，人工智慧在軍事博弈對抗上有哪些難點？它是否可以像下圍棋一樣指揮戰爭並達到甚至超越人類的作戰指揮水準呢？

　　人工智慧在軍事上的應用經歷了很長的發展 [9]，包含智慧裝備、無人裝備、專家系統、智慧指揮系統等。1990 年代初美國實施的「沙漠風暴」行動是人工智慧技術在軍事中應用的一個成功典範。從最簡單的貨物空運，到複雜的行動協調，都由基礎人工智慧技術的專家系統來完成。另外，先進的巡弋飛彈也採用了多智慧體協同和機器視覺技術。美國曾在阿富汗戰爭、伊拉克戰爭中大量運用無人機和後勤作業機器人。

目前，軍事人工智慧已從單裝智慧向集體智慧、指揮智慧不斷發展，從基於規則的專家系統向可進行自主認知和決策的智慧指揮系統跨越。人工智慧真的能取代人類指揮員進行戰鬥指揮嗎？目前的答案是否定的，人工智慧現在的主要應用是作戰輔助，而非取代人類指揮員。距離真正的作戰指揮，人工智慧還面臨以下障礙和瓶頸。

首先，需要解決的是倫理問題。如果你是士兵，你能信任人工智慧指揮官的命令嗎？目前的人工智慧技術主要採用基於大數據的端到端黑盒訓練模式，透過向神經網路模型輸入大量經過標注或未標注的資料，根據最佳化目標得到網路模型的參數，至於輸入輸出之間是否存在因果關係，我們無從知曉。對於語音、視覺等領域的人工智慧商業應用來說，這是可以接受的，人們只需要能夠快速辨識、快速翻譯和檢測即可，只需要結果正確，而並不需要關心中間過程如何，即使出現一定的錯誤辨識也是可以接受的。而對於軍事指揮來說，並不存在標準答案，也沒有人能夠承受錯誤決策所帶來的影響，所以目前的軍事指揮仍然強調「人為監督」，即人在決策過程中產生決定性作用。

其次，如何建立有效、準確、可解釋的資訊處理、狀態意識和作戰決策機制是人工智慧面臨的關鍵問題。戰爭屬於不完整資訊博弈對抗，戰場環境多變，作戰元素多樣，作戰效果無法預知等問題加大了作戰指揮的複雜性。對於軍事博弈來說，指揮員所得到的資訊是不完整的，甚至還有可能存在偏差，這就是「戰爭迷霧」。如何獲得及時有用的資訊是實現快速決策的保障。孫子兵法曰：「知彼知己，勝乃不殆；知天知地，勝乃可全。」除了不完整資訊博弈的特點外，戰爭還有弱規則性的特點，這是因為戰爭對抗是一個持續的過程，局部勝負和全局勝負之間沒有準確的衡量標準，所以無法像棋類遊戲一樣得到明確的博弈收益，這導致對於人工智慧系統而言，無法直接、明確的根據當前狀態去判斷對手意圖和預測勝負關係。[10]

　　第三，基於神經網路的深度學習演算法離不開資料的支援，但軍事作戰資料的採集無法像商業資料一樣具有大量資料快速生成能力。特別是由於軍事作戰的特殊性，實戰資料很難採集，模擬對抗資料是否貼合實戰情況也難以保證，因此軍事博弈系統中能夠獲取的資料量遠遠少於一般深度學習方法所需的樣本規模。在缺乏規模化訓練資料支援的情況下，人工智慧如何訓練出有價值的模型，又如何輔助人類實現理想中的戰場態勢分析、理解和作戰決策制定呢？當前為了解決這個問題，大多採用稀疏樣本訓練演算法或自我博弈訓練方法，在缺少戰爭規則的準確描述前提下，其有效性還有待檢驗。

　　第四，人工智慧還缺少對人的高階謀略的深刻理解。軍事作戰中不僅會面臨複雜多變的戰場環境，還會面臨不同的作戰對手。什麼樣的任務，怎麼去打，派誰去打，這在軍事指揮中也是非常重要的問題。不同的指揮員有自己擅長的戰法，也有自己獨特的性格特徵，包括人對當前戰場局勢的主觀能動性和預期行為方式。由於性格的形成不僅受先天因素的影響，後天的環境和教育等也會對性格的形成產生重要影響，因此每個人的性格表現不同，具體展現在情緒、態度、意志、行為偏好、思維表現等不同維度。如何讓人工智慧指揮員也具有一定的性格，如何能針對不同的作戰任務展現出不同的作戰風格，如何根據不同的作戰對手進行揚長避短的作戰指揮？等到基於資料和演算法的人工智慧指揮員能真的像人類指揮員一樣學會使用「聲東擊西」、「遠交近攻」、「明修棧道暗渡陳倉」等策略的那一天，才是人類真正應該感到恐懼的時刻。

　　最後，人工智慧尚未涉足人類所具有的難以解釋的複雜決策簡化能力，即直覺。軍事作戰指揮是科學也是藝術，各國戰爭史中都有非常多被後人廣為傳頌的指揮員依靠直覺做出「扭轉乾坤」的決策，從而改變戰爭天平的案例，這種直覺往往被認為是獲勝一方贏得「天意」的表現，而未深究其內在原因。事實上它是一種基於決策者已掌握的、累積

的內隱知識和潛意識所進行的思考分析過程。直覺決策是在已有的經驗、判斷和知識等作為先驗資訊的基礎上做出的快速反應和判斷，或者說是大腦無意識儲存在長期記憶中的資訊被某種外部刺激突然啟動所帶來的自然反饋。美軍自 2003 年以來相繼在《任務指揮：陸軍部隊的指揮和控制》、《陸軍計畫制定和命令生成》、《美陸軍野戰手冊——作戰過程》中對指揮員的直覺決策過程進行過闡述，並從最初闡述直覺決策的作用，逐步轉向嘗試對直覺決策方法論的解釋。人工智慧是否能在人類之前理解直覺型作戰指揮呢？

　　總而言之，戰爭是一個複雜的對抗過程，組成要素豐富，戰場態勢瞬息萬變，要想實現準確的戰場態勢判斷並做出有效的作戰決策，軍事智慧化是必然趨勢，必須要實現戰場態勢高效能認知。如前所述，智慧認知是人工智慧的最高層次，而實現非完整資訊的博弈對抗狀態意識更加困難。軍事人機博弈是一個涉及多個學科領域的複雜智慧認知活動，需要透過模擬人類深思熟慮行為，透過自主學習發掘規律，並完成推理、規劃和決策，涉及人工智慧、腦認知、資訊處理、數學等多個學科領域，多學科綜合協調的難度很大，需要整合攻關。與感知智慧和計算智慧相比，以軍事人機博弈為代表的軍事認知智慧更為複雜，要獲得突破還需要一個長期不懈的持續發展過程。

4.2.2 軍事人機博弈的探索

　　人工智慧的理性發展目標是更好的輔助人類及社會發展，依靠智慧演算法發現人類未知的事物。現代戰爭強調「以人為中心」，軍事人機博弈透過對戰爭進程的推演，研究戰爭的動態演化過程以及不確定性和偶然性對戰爭結果的影響，以強化指揮員生成作戰計畫決策的思考方式。軍事人機博弈不是為了戰勝人類，而是為了讓指揮員更全面的了解戰場態勢，更迅速的做出決策，甚至在戰爭發起之前就能預測到結果，

從而間接形成避免真正戰爭的目的。

隨著資訊技術的迅猛發展和普遍運用，軍事技術形態呈現出資訊賦能、網路聚能、智慧增能、體系釋能的新特點，導致戰爭形態、作戰方式和戰場實踐持續發生深刻變化，推動世界主要大國不斷加快軍事理論創新的步伐。近年來不斷湧現的雲端運算、雲端環境、雲端攻防和人工智慧、大數據、物聯網等新技術、新方式，透過戰場感知、網路聯通和指揮控制三大因素的交互作用和無縫結合，形成了「資訊主導、體系破擊、網聚能力、自主適應」的全新戰爭制勝機理。美國空軍上校約翰・包以德（John Boyd，1927 年至 1997 年）憑藉其戰鬥機飛行員的經驗和對能量機動性的研究發明了 OODA 循環理論，即一種以觀察（observation）、判斷（orientation）、決策（decision）以及行動（action）的循環來描述衝突的方法，並指出軍事指揮控制的特點就是按照該循環進行戰鬥。這個方法逐漸從最初解釋空軍戰術的概念延伸到解釋一般意義上的決策處理，並被廣泛用於軍事問題研究。大部分軍事人機博弈的研究也是圍繞 OODA 循環理論展開，其關注點主要包括以下三個方面。

1. 戰場態勢的智慧感知

軍事作戰是一個複雜的、態勢不斷變化的非完整資訊的博弈對抗過程。資訊化聯合作戰條件下各類戰場資訊資料爆炸式成長，虛實空間交錯，態勢瞬息萬變，對指揮員的認知決策帶來了前所未有的挑戰。隨著精準導引武器的飛速發展，使得從發現目標到產生毀傷效果只在數秒之間。戰場態勢在短時間內發生極大變化，戰爭節奏正在加快，促成高動態精確作戰模式的形成。現代化戰爭中戰場範圍大、武器多樣、機動性強，同時多兵種聯合戰鬥、聯合作戰的新態勢，可描述為作戰空間多重、參戰力量多元、指揮關係多層、作戰目標多變、作戰方式靈活、作

戰行動自主、作戰節奏加快、戰鬥不可預測等特點。長期以來,對戰場態勢的獲取主要依靠各種情報方式,一方面隨著軍事資訊化技術的進步,來自各種管道的情報源越來越豐富,另一方面,擺在指揮員面前的卻只是不完整的情報,甚至可能連隱蔽在大洋深處的己方潛艇位置也不知道;而對戰場態勢的理解及預測則更多依賴參謀人員人工完成,電腦目前暫時還無法勝任這類智慧活動。隨著作戰空間不斷擴大,戰場資訊的爆炸式成長,現代戰爭複雜程度越來越高,陸、海、空、天、網、電多重空間的態勢相互銨鏈,敵、我、友,天、地、社等情報態勢瞬息萬變,繼續依靠人力進行情報資訊的融合、分析、推理和決策,那麼指揮決策的 OODA 週期將遠遠慢於對手,而只能處於時刻追趕敵人的節奏和被動挨打的局面。如何訓練機器理解全局態勢並判斷態勢走向,是對人工智慧的重大挑戰。[11] 態勢通常用圖、表、文等複合形式呈現,相比於文字、表格的辨識理解,電腦對態勢圖的理解要難得多。狀態意識就是針對不完整資訊的態勢圖挖掘資料之間的關聯關係,從而具備對戰場態勢的分析、判讀、理解和預測能力,如目標辨識、機動軌跡預判、未來戰況預判等。狀態意識是指揮控制活動從資訊域向認知域跨越的重要象徵,也是後續智慧決策或自主行動的重要前提,是通向真正意義的軍事智慧化的關鍵環節。建構狀態意識的基礎框架及樣本空間需要借助群體認知成果和深度學習方法,目標是形成一組面向特定作戰任務的戰場態勢理解分析工具,以實現認知層面態勢分析工具的視覺化呈現,如兵力強弱消長、任務關聯關係、敏感重點區域、敵我整體態勢優劣對比等。良好的戰場態勢理解工具可以解決當前態勢圖上只呈現戰場歷史和當前時刻的狀態而無法指出未來趨勢的不足,還可以輔助指揮員提高對戰場態勢的認知速度和準確度。

美國國防部高等研究計畫署(DARPA)從 2007 年開始啟動了著名的「深綠」計畫。「深綠」計畫的目標是將人工智慧引入作戰輔助決策,透

過研究探索基於「計畫草圖」的智慧化作戰計畫生成介面、「閃電戰」計畫方案快速仿真分析引擎、「水晶球」自動化決策與態勢評估最佳化工具，並融入各級軍用資訊系統之中，實現對未來敵我可能行動及態勢的自動生成、評估和預判，幫助指揮員適應掌握戰場的瞬息變化。深綠系統所追求的理想效果是，只要提供我方、友方和敵方的兵力資料和可預期的計畫，推演就會精確為旅一級甚至更高級指揮員提供未來發展方向的可行分析，並輔助指揮員做出正確決策。截至 2012 年，「深綠」計畫共投入 6,500 萬美元，據稱效果不佳，最終只保留了「計畫草圖」這一人機介面功能，其他功能未能達到理想效果。這說明人工智慧距離戰場態勢的智慧感知還有較長的路要走。

2. 人機協同的作戰籌劃

由於戰爭內在的複雜性及人在決策過程中的非理性行為，長期以來，關於電腦輔助決策是否真能提供輔助決策功能一直備受質疑，而人機協同能夠在多大程度上提升指揮員的作戰籌劃能力也沒有定論。作戰籌劃又稱為任務規劃，其主要內容包括作戰方案的自動生成（含兵力、火力的自動分配）、多域（時、空、頻、資源）衝突檢測與最佳化、方案的臨機調整與修訂等。這些輔助決策功能需要運用人工智慧技術設計任務規畫的通用基礎框架，規範協同規劃作業的流程，制訂作戰方案的生成引擎，形成自動按需整合、多解析度尺度、包容不確定性的計畫表示格式，建構多目標最佳化評估與驗證評價標準，實現多種作戰方案的優選和面向博弈對抗的分階段計畫滾動疊代，使作戰籌劃過程能靈活適應任務環境變化，靈活應對戰場不確定性，還要透過大數據技術提升「從資料到決策」的能力，即從大數據中挖掘知識，智慧化、自動化形成決策方案和作戰計畫，在加快決策速度的同時盡可能減少指揮員的介入。

作戰籌劃與決策通常都是在人機協同環境下進行的。在未來指揮所中，自然人機互動模式會越來越普遍，指揮員與智慧系統可透過草圖、語言或手勢進行交流，人機融合為共生的有機整體，電腦和人工智慧將成為「指揮員助手」，為指揮員提供更加準確和便利的資訊和知識。

由於各級指揮員在知識和技能上的差異，實現資訊共享並不意味著能形成共同理解和共同認知。對意圖、目標、策略達成共識，是制定作戰計畫的前提。只有這樣，才能做到事半功倍，否則很有可能是同力不同心。現有方法中指揮員缺乏對 AI 智慧體決策過程的理解，同樣 AI 智慧體也難以針對指揮員決策偏好進行更加精準的協同決策。一種可行的研究路線是在軍事博弈對抗中，利用指揮員的生理信號和行為反饋獲取更加精準的指揮員決策模型，並以此作為 AI 智慧體的一個新的輸入，從而產生更有針對性的人機混合協同對策模型，從而建立「人為監督」的人機協同作戰籌劃。

2016 年底，美軍又啟動了指揮官虛擬參謀（commander's virtual staff，CVS）項目，針對大量資料源及複雜戰場態勢等挑戰，為指揮官及其參謀制定戰術決策提供支援，重點在於打造即時資料和計算能力兼備的虛擬助手，進而輔助指揮官對所提議的行動或者觀察到的活動進行有效評估，同時提供包含置信度評估的結果預測。

3. 群智博弈的無人系統

在執行層面，我們不去過多探討傳統意義上的命令執行，而將注意力投向自主化無人智慧作戰平臺（如無人機、無人戰車、無人艇、無人潛航器）的大量使用，這是人工智慧技術最有前景的應用方向。自主化無人作戰平臺的指揮控制方法可描述為獨狼式、編隊式、蜂群式或母艦式。當無人作戰平臺採用仿生集群戰術時，多智慧體之間的群智博弈問題尤為引人注目。

　　無人作戰平臺的集群控制以及群體協同是行動控制的重點。無人平臺集群的作戰行動，需要解決分散式自適應規畫與控制問題，採用自底向上的資料驅動和建模策略，實現多單體智慧的協同聚合，才能湧現出複雜的群體自組織能力。它們遵循無中心的局部交互作用規則和反應式行為，從而形成高階的群體智慧。

　　由大規模、低成本、功能簡單的無人平臺構成的群體智慧系統，採用類似蜂群、鳥群、魚群的行為方式，其特點是數量可以成百上千，同時遵循非常簡單的規則，但能夠表現出複雜的行為模式。蜂群系統是典型的複雜自適應系統，其分散自主決策，多智慧體之間無須通訊，甚至沒有固定的領航者。這和生物界的蜂群非常相像，即飛行中的蜂群由眾多機動的、具有主觀能動性的個體組成，遵循博伊茲三原則，即相互分離避免相撞（separation）、動態看齊保持一致（alignment）、向共同的目標聚集（cohesion）。雖然蜂群無人系統由多個自主智慧體組成，但其在戰爭中可被視為一個高效能的整體，它最大的優勢就是實施飽和攻擊時，火力集中。現有武器系統防禦蜂群進攻如同用劍砍殺蜜蜂，部分個體的受損對總目標的實現影響不大。蜂群無人系統有時還憑藉其低成本的特點用來消耗敵方的火力，或在拆彈中同歸於盡。蜂群戰術在想像中能夠達到出奇制勝的效果，但因無法精確掌控每個個體的行為，又缺乏實戰案例的驗證，當前還很難對其戰術效果進行確切的評估。

　　在人與無人系統的協同作戰中，如何實現更高效能的人機智慧融合，是行動控制的難點。人擅長邏輯思維和抽象推理，機器擅長計算和精準性、即時性要求高的工作，必須強調「人為監督之上」而不是「人為監督之中」的監督控制，確保在對抗條件下人類有最高、最終的監督控制權，避免對無人系統失去控制。這需要建立人機相互理解的跨認知層次的行為模型，實現人機功能的動態分配、控制權限的動態調節。

　　2016 年 9 月，美國辛辛那提大學（University of Cincinnati）的人工

智慧團隊設計了一個能用來取代戰鬥機飛行員的 AI 戰鬥系統 ALPHA。
該系統在一場多人飛行模擬測試中，打敗了已經退休的前美國空軍上校
吉恩‧李（Gene Lee）。辛辛那提大學的研究者們之所以要開發這套 AI
系統，其原因並不是為了取代人類戰鬥機飛行員，而是希望這套 AI 系統
最終變成一款模擬訓練器，為飛行員提供即時的飛行建議服務，或者在
人駕戰機飛行時，由其控制無人飛機作為僚機伴飛。在其開發者的描述
中，ALPHA 並不是為近距離空戰而設計的，它也不會幫助飛行員鎖定
敵機目標，ALPHA 最主要的任務是快速查看多源感測器資料，並理解
其背後含義，以求在關鍵的策略優勢時刻為飛行員提供最合適的建議。

　　同樣都是基於資料，但 ALPHA 與以 AlphaGo 為代表的博弈型人
工智慧具有顯著的區別。通常博弈型 AI 系統會採用神經網路架構建立
模型，而 ALPHA 則採用「遺傳模糊樹（genetic fuzzy trees）」的演
算法實現對數百個輸入量的處理。從本質上說，這個演算法是將大型模
糊邏輯問題拆散為多個小型模糊邏輯問題，而不需要考慮原問題中多輸
入量之間的耦合關係，因此它可以順利運行在更低配置的電腦上。目前
ALPHA 還只是在飛行模擬的虛擬環境下進行訓練，尚未進入實戰。

　　綜合以上三個方面的主要關注點，我們看到，目前軍事智慧博弈主
流研究方向仍以人工智慧智慧體自身的進化為主要目標，並未關注和人
工智慧對局的人類。事實上，人工智慧技術的進步並不是為了取代人
類，而是為了向人類提供更好的經驗和指導。所以在軍事領域，我們更
需要一種「人機共生」的學習環境，使人類能夠與人工智慧交融進步，
未來一種具有「感知人類、理解人類、幫助人類」能力的軍事指揮決策
人機混合智慧正在醞釀之中。

4.3 下一個風口──類腦智慧

4.3.1 人工智慧的突破方向

自從深度學習演算法激起了第三次人工智慧研究的熱潮之後，各國政府紛紛提出各自的國家級人工智慧發展研究相關計畫，蘋果、Google、亞馬遜、阿里、百度等 IT 領軍企業也相繼推出一系列人工智慧創新應用程式，在改變我們生活習慣的同時，也希望在新一輪人工智慧技術競爭中能讓企業搶得先機。

回顧人工智慧半個多世紀的發展歷程，我們可以清楚的看到在人工智慧幾波大浪潮中核心突破方向的軌跡，即從計算智慧到感知智慧，再到認知智慧的過程。

首先獲得突破的是基於高效能資料處理和高性能儲存硬體的計算智慧。它主要依靠電腦的快速運算和儲存能力，當然也離不開高效能的演算法，來完成超越人腦的複雜計算功能。人工智慧是一個綜合性的學科，其發展也需要多方面因素的支援和輔助，電腦運算和儲存硬體能力的提高在很大程度上促進了人工智慧演算法的突破。IBM 的「更深的藍」能夠戰勝當時的西洋棋冠軍卡斯帕洛夫，就是人機博弈領域計算智慧的突出表現。目前在計算智慧領域，電腦的算力已經遠遠超過人類。

當前階段感知智慧正在為我們的生活帶來重大的改變。隨著深度神經網路的突破性發展，人工智慧在語音、視覺等方面的能力已經接近甚至超過人類的感知能力。感知智慧的突破更多的是模型和演算法的成功，也離不開大樣本的基礎資料，本質上仍是基於有監督或無監督的機器學習，缺乏自主智慧要素。舉例而言，隨著人臉辨識技術的普及，我們乘坐高鐵、飛機時都可以透過自動檢票系統快速通關，只要人、證、票核驗一致後馬上開閘放行，比傳統的人工核驗方式提高了很多效率。

但系統並不保存歷史核驗資訊，或者說歷史資訊並未充分利用，因此即使有人通過一百次，系統也不會記住這個人，下次通關時仍然需要按部就班的調用資料庫進行比對。這是因為系統實現的仍舊是基於特徵提取的智慧感知，而不是基於思考和記憶的智慧認知。

認知智慧是最能展現人類理解和思考能力的未來「強人工智慧」。要想讓人工智慧具有類似人類大腦的活動實現認知智慧，必須讓人工智慧能夠學習知識，學會舉一反三式的自主推理。在 1956 年至 1976 年的人工智慧第一波浪潮中，人們曾嘗試用機器學習的辦法去證明和推理一些知識，即基於知識表示、規則推理、啟發搜尋的符號人工智慧。但是受到技術限制，當時的知識和規則的獲取需要透過人工歸納總結，然後才能透過機器進行演繹，其智慧性完全依賴於知識和規則的總結是否完備。這對於個別專業領域尚屬可行，可對於通用領域則無能為力。如今透過大數據關聯分析可以對一個使用者的行為和特徵進行準確畫像，如透過手機各類 App 中收集到的地理位置、購物列表、點餐偏好、關注新聞甚至談話的內容推斷出使用者當前可能的需求並及時推送給使用者。這個技術有時會帶給我們便利，也有時會讓我們隱隱感到一種恐懼，彷彿我們的背後一直有一雙眼睛在盯著自己。認知智慧一方面有賴於人工智慧「知識圖譜」的有效建立，另一方面則需要更加深入理解人類的認知和決策機制，從本質上提高人工智慧的推理和思考能力。

4.3.2 走向真正的強人工智慧

毫無疑問，人工智慧已然成為新一輪科技革命的核心動力，基於機器學習特別是以深度學習為代表的技術應用已經深入到各個研究和應用領域。而現在的機器學習很大程度依靠資料的累積，即使是強化學習也需要資料，只不過是自主產生資料而已。目前的人工智慧系統具有弱解釋性、弱泛化性且無法實現有效的認知推理，難以實現通用人工智慧的

終極目標。在 2016 年國際人工智慧發展協會（AAAI）大會上，國際人工智慧發展協會主席托馬斯・迪特里奇（Thomas G. Dietterich）發表了題為〈邁向穩健的人工智慧〉（*Steps Toward Robust Artificial Intelligence*）的主題演講，指出智慧系統在開放環境下的自適應性、對噪音和錯誤的穩健性的重要意義。中國國務院〈關於印發新一代人工智慧發展規畫的通知〉中也提出了「突破自適應學習、自主學習等理論方法，實現具備高可解釋性、強泛化能力的人工智慧」的要求。[12]

　　認知是人們推測和判斷客觀事物並做出決策判斷的心理過程，是在對已有經驗和當前可見資訊基礎上的經過分析形成的對資訊的理解、分類、歸納、演繹和計算的過程。人類的認知活動包括知覺、注意、記憶、動作、語言、推理、抉擇、思考、意識乃至情感動機等多個維度和層次，而認知過程的實現僅僅依靠一個功耗僅為 20W、重量只有 1,400 公克的大腦，其費效比遠遠領先於當今最為強大的矽基電腦。[13]

　　人工智慧之父馬文・明斯基在 1986 年出版的專著《心智社會》（*The Society of Mind*）中就提出了一系列關於語言、記憶、學習和意識等重要過程的理論，從概念層次給出了關於心智和思考過程工作機理的理念集合。2003 年，美國麻省理工學院（MIT）的雷貝嘉・薩克斯（Rebecca Saxe）和南希・坎韋舍（Nancy Kanwisher）發現了人的大腦皮層有一個 TPJ-M 分區專門用於感受和推理別人的想法，即同理（empathy）能力。[14] 人的認知是一個非常複雜的過程，其輸入輸出的轉換機制到目前為止尚無法清晰描述。而要實現基於人工智慧的認知推理則必須在清楚整個認知過程的基礎上才可以建立認知過程模型。在探索認知建模，即研究人對資訊的處理機制方面，前人已經做出了許多工作。

　　人的認知過程涉及多個學科，所以只從某一學科的特定角度去研究人的認知過程很難全面、有效的了解整個過程。1975 年，在美國著名的艾爾弗・史隆基金的支持下，美國一些學者將哲學、心理學、語言學、

電腦科學、人類學和神經科學這六大學科整合在一起,集中研究「在認知過程中資訊是如何傳遞的」,整個研究計畫的結果產生了一個新興交叉學科 —— 認知科學,形成了一系列關於心智研究的理論和學說。隨著相關研究的不斷深入和發展,認知科學在原有六大學科的內部又產生了六個新興學科方向:認知哲學、認知心理學、認知語言學、認知計算學、認知人類學和認知神經科學。這六大新興學科方向之間相互交叉,產生了以下 11 個研究焦點:控制論、神經語言學、神經心理學、認知過程仿真、計算語言學、心理語言學、心理哲學、語言哲學、人類學語言學、認知人類學、腦進化。

近年來,隨著深度學習演算法的突破、資料量的不斷增大、計算能力的不斷增強,認知計算成為人工智慧在智慧認知方面的突破口。由於其具有很強的應用性,所以受到較大關注和各國政府的資金投入。認知計算是針對一定規模的資料進行有目的的推理,並進一步透過自然互動方法實現對人的反饋。雖然認知計算已經具備一定的推理能力,但當前還只能基於大量資料針對特定任務進行有目的的訓練,其通用性還有待提高。

認知智慧是人工智慧的最高層次,也最為接近人工智慧的終極目標。目前認知智慧的科學理論研究尚不完善,還無法支持以電腦科學為基礎的人工智慧認知的發展。即使 Watson 在問答遊戲中獲得壓倒性勝利、AlphaGo 在圍棋領域獨霸天下、Google Waymo 無人駕駛計程車已經接送超過 6,000 人次的顧客,這些人工智慧系統的成功研發和應用還只能針對某一具體環境和具體任務進行邏輯推理和決策,而不具備類人的思考、推理和認知能力。對於認知智慧而言,目前尚且處於起步階段,遠遠達不到人類的水準。

但是不可否認,認知智慧的研究是當前人工智慧的突破重點,也將直接影響著人工智慧的未來發展,一旦得到突破,則必將帶動人工智慧

技術和相關應用得到爆炸式成長，使人類社會由當前的資料時代進入全新的智慧時代。人工智慧經過了 60 年的發展實現了感知智慧的突破，要走向認知智慧又要經過多久呢？

4.3.3 腦科學 ── 未來類人智慧

為了突破人工智慧發展瓶頸，研究者們開始對大腦的研究和利用，類腦智慧技術正在成為未來人工智慧的發展方向。[15] 縱觀人工智慧發展歷史，研究者們曾多次借鑑與模仿人腦的結構機理和行為特性設計智慧模型，如 Gabor 特徵借鑑了人腦初級視皮層的感受野特性，在表達特性上具有明顯的優越性；顯著性分析借鑑了人腦認知的行為特性，在圖像檢測、圖像檢索等實際問題上大大提升了演算法性能；深度學習方法借鑑了人腦的資訊分層表達機制，在視聽覺分類問題上獲得重大突破。包括美國 DARPA 在內的世界知名研究機構，都已經將生物啟發的人工智慧研究作為重點發展方向。由此延伸的類腦智慧研究已成為人工智慧發展最有潛力的方向，也成為世界各國必爭的策略領域，很多國家都相繼啟動了相關的腦科學計畫，如美國的創新性神經技術大腦研究計畫（Brain Initiative），旨在繪製出顯示腦細胞和複雜神經迴路快速相互作用的腦部動態圖像，研究大腦功能和行為的複雜關聯；歐盟人類腦計畫（Human Brain Project）的目標是開發資訊和通訊技術平臺，致力於神經資訊學、大腦模擬、高性能計算、醫學資訊學、神經形態的計算和神經機器人研究，同時側重於透過超級電腦技術來模擬腦功能，以實現人工智慧；韓國腦計畫的核心是破譯大腦的功能和機制，其核心研究內容包括在多個尺度建構大腦圖譜、開發用於腦測繪的創新神經技術、加強人工智慧相關研發和開發神經系統疾病的個性化醫療等；日本大腦研究計畫（Brain/MINDS）旨在透過融合靈長類模式動物多種神經技術的研究，彌補曾經利用囓齒類動物研究人類神經生理機制的缺陷，並且建立

獼猴腦發育以及疾病發生的動物模型。此外，澳洲、加拿大、德國、英國等也先後推出腦科學研究計畫。作為連接腦科學和資訊科學的橋梁，各國腦科學計畫將極大推動人工通用智慧技術的發展。

2016 年，中國正式提出了「腦科學與類腦科學研究（中國腦科學計畫）」，它主要關注以探索大腦祕密、攻克大腦疾病為導向的腦科學研究以及以建立和發展人工智慧技術為導向的類腦研究。一批有影響力的類腦智慧研究機構也相繼成立，如北京清華大學於 2014 年成立了類腦計算研究中心，目前已經研發出了具有自主智慧財產權的類腦計算晶片、軟體工具鏈；中國科學院自動化研究所於 2015 年成立類腦智慧研究中心，開發出了類腦認知引擎平臺，具備哺乳動物腦模擬的能力，並在智慧機器人上獲得了多感覺融合、類腦學習與決策等多種應用，以及全球首個以類腦方式通過鏡像測試的機器人等，還引入了腦結構和功能連接資訊對腦區進行精細劃分和腦圖譜繪製，建立了新一代人類腦圖譜繪製所需要腦亞區劃分的新理論和新方法，成功繪製出全新的人類腦網路組圖譜，該腦圖譜包括 246 個精細腦區亞區，圖譜發表之後引起了中外的廣泛關注；此外，北京大學也成立了腦科學與類腦研究中心，上海交通大學成立了仿腦計算與機器智慧研究中心，類腦智慧研究正在遍地開花。

在人機博弈方面，人機介面是最有可能帶來重大影響的技術。認識到「人為監督」的重要性，近年來研究者們已經開始轉向用人工智慧技術提升人的能力，如透過人機介面技術增強人類的感知能力和決策力、檢測和糾正決策者的錯誤，或採用混合合作的人機介面技術增強群體決策能力等。美國陸軍研究實驗室研製了一套基於線上人機介面的 BrainFlight 神經反饋系統，該系統能夠透過腦電圖、心率等生理資訊即時對人進行狀態評估，當即時檢測到被試人員過度緊張、焦慮等負面狀態時，就及時透過音訊反饋使被試人員平靜下來，使其能夠集中注意力做出最佳化決策，進而有效提高人在類似駕駛直升機等高要求任務中的

表現。美國萊特州立大學 Sherwood 等利用即時功能性磁共振技術設計了一套提高一般人工作記憶和認知能力的神經反饋系統，被試人員在使用該系統訓練兩週後，能夠一定程度控制自身腦血氧飽和度，進而提升了工作記憶能力。瑞士日內瓦大學、加拿大麥吉爾大學和英國開羅大學等多個科學研究團隊均發現基於功能性磁共振的神經反饋系統能夠提升人們的感知能力、記憶能力和認知控制等多項腦認知能力。普林斯頓大學 Parra 等利用人機介面技術研製了一套糾正被試人員錯誤決策系統，結果顯示透過該系統能夠平均糾正被試人員 21% 的決策錯誤。北京清華大學高小榕團隊與美國加州大學聖地牙哥分校聯合發現，利用協同人機介面技術能夠提升被試人員在進行 Go/NoGo 任務時的決策速度和預測決策正確率，預測決策正確率能夠從 75.8% 提升到 91.4% ～ 99.1%，利用協同人機介面技術能夠在被試人員做出決策動作 150 毫秒前就預測出決策結果。英國艾塞克斯大學人機介面實驗室 Riccardo 團隊發表了多項研究發現結合人機介面技術能夠有效提升被試人員進行群體決策的準確度。

不完整資訊博弈具有很大的不確定性，表現在數學模型上是資訊不完整和狀態未建模，而這種不確定性在博弈中又很可能成為決勝要素。不論是 AI 智慧體還是人類，對複雜、動態環境的快速理解，以及對環境變化的適應能力是評估智慧水準的重要象徵。人腦是高環境適應性的典範，不僅可以在新環境中快速完成遷移學習，還可以不斷吸收新的知識，根據不同的環境靈活改變自己的行為。而對於深度神經網路而言，與大腦相比存在著很大的差距，一旦訓練階段結束，就難以對實際環境中存在的情境資訊做出靈活的響應，也難以在學習新知識的同時保留舊知識。具有連續學習能力、多任務學習能力的神經網路模型是類人智慧的一個發展趨勢。另一個角度，利用從人類身體上採集的多模態神經生理信號、音訊影片信號、交互動作信號等，結合在博弈環境中同步獲取

的行為決策資料，對博弈者可以實現對其情緒狀態、注意力集中程度、心理壓力和行為習慣進行即時評估與預警，從而進行更有針對性的決策訓練和干預，可以為博弈者提供新的訓練方式，使其長期保持平穩的正向提升狀態。進一步將博弈者心理、認知水準及決策偏好等傳遞給 AI 智慧體，就可根據博弈者的特點實現更高層級的人機混合「意圖協同」決策，從而營造出「人機共生」的類腦智慧新時代！

4.4 參考文獻

[1] Tao JiuYang, WU Lin, HU Xiao-Feng. Principle analysis on AlphaGo and perspective in military application of artificial intelligence[J]. Journal of Command and Control, 2016, 2 (2) : 114-120.

[2] 呂豔輝，宮瑞敏·電腦博弈中估值算法與博弈訓練的研究 [J]，電腦工程，2012，38（11）：163-166.

[3] Silver D., Huang A., Maddison C. J., et al. Mastering the game of Go with deep neural networks and tree search[J]. Nature, 2016, 529 (7587) : 484-489.

[4] 張加佳·非完備訊息機器博弈中風險及對手模型的研究 [D]·哈爾濱：哈爾濱工業大學，2014.

[5] 蔡亞梅·人工智慧在軍事領域中的應用及其發展 [J]·智慧物聯技術，2018，1（3）：41-48.

[6] 張曉海，操新文·基於深度學習的軍事智慧決策支持系統 [J]·指揮控制與仿真，2018，（2）：1-7.

[7] 李頓飛·美「第三次抵消策略」對中國科技創新的啟示 [J]·數位設計，2018，（4）：114.

[8] 郭聖明，賀筱媛，胡曉峰，等·軍用訊息系統智慧化的挑戰與趨勢 [J]·控制

理論與應用，2016，33（12）：1562-1571.

[9] 蔡自興・人工智慧及其應用 [M]・3 版・北京：清華大學出版社，2003.

[10] 胡曉峰・軍事指揮訊息系統中的機器智慧：現狀與趨勢 [J]・人民論壇・學術前沿，2016（15）：22-34.

[11] 胡曉峰，賀筱媛，陶九陽・AlphaGo 的突破與兵棋推演的挑戰 [J]，科技導報，35（21）：49-60.

[12] 中華人民共和國國務院・新一代人工智慧發展規劃 [N]・人民日報，2017-07-08.

[13] 蒲慕明，徐波，譚鐵牛・腦科學與類腦研究概述 [J]・中國科學院院刊，2016，31（7）：725-736.

[14] 譚鐵牛・人工智慧用 AI 技術打造智慧化未來 [M]・北京：中國科學技術出版社，2019.

[15] 曾毅，劉成林，譚鐵牛・類腦智慧研究的回顧與展望 [J]・電腦學報，2015.

AI 新時代，人機共生！人工智慧是隊友不是對手：

發展演變 × 經典對決 × 突破方向，從自動駕駛到無人系統，生成式 AI，人工智慧未來的探索

編　　著：劉禹，魏慶來

發 行 人：黃振庭

出 版 者：崧燁文化事業有限公司

發 行 者：崧燁文化事業有限公司

E-mail：sonbookservice@gmail.com

粉 絲 頁：https://www.facebook.com/
　　　　　sonbookss/

網　　址：https://sonbook.net/

地　　址：台北市中正區重慶南路一段六十一號八
　　　　　樓 815 室

Rm. 815, 8F., No.61, Sec. 1, Chongqing S. Rd.,
Zhongzheng Dist., Taipei City 100, Taiwan

電　　話：(02)2370-3310

傳　　真：(02)2388-1990

印　　刷：京峯數位服務有限公司

律師顧問：廣華律師事務所 張珮琦律師

國家圖書館出版品預行編目資料

AI 新時代，人機共生！人工智慧
是隊友不是對手：發展演變 × 經
典對決 × 突破方向，從自動駕駛
到無人系統，生成式 AI，人工智慧
未來的探索 / 劉禹，魏慶來 編著 .
-- 第一版 . -- 臺北市：崧燁文化事
業有限公司 , 2023.10
面；　公分
POD 版
ISBN 978-626-357-691-9(平裝)
1.CST: 人工智慧
312.83　　112015245

-版權聲明

定　　價：375 元

發行日期：2023 年 10 月第一版

◎本書以 POD 印製

電子書購買

臉書

爽讀 APP